SCHRIFTENREIHE FÜR GEOLOGISCHE WISSENSCHAFTEN

HEFT 7

HERAUSGEGEBEN VOM VORSTAND DER GESELLSCHAFT
FÜR GEOLOGISCHE WISSENSCHAFTEN DER DDR (GGW)

MIT DER HERAUSGABE BEAUFTRAGT PROF. DR. SC. NAT. R. LAUTERBACH
(KARL-MARX-UNIVERSITÄT, LEIPZIG)

YANAKI TENČOV

Flora und Biostratigraphie des Oberkarbons im Svoge-Becken (VR Bulgarien)

Mit 2 Abbildungen, 23 Tafeln und Anlage I—III

AKADEMIE-VERLAG · BERLIN

Schriftenr. geol. Wiss. · Berlin 7 (1977) · S. 1—163

Herausgeber ist der Vorstand der Gesellschaft für Geologische Wissenschaften der DDR (GGW)

Vorsitzender der GGW: Prof. Dr. sc. nat. R. DABER, Museum für Naturkunde an der Humboldt-Universität zu Berlin, Paläontologisches Museum,
DDR - 104 Berlin, Invalidenstraße 43, Fernsprecher 2897576

Mit der Herausgabe der Schriftenreihe beauftragt
Prof. Dr. sc. nat. ROBERT LAUTERBACH,
DDR - 701 Leipzig, Talstraße 35, Fernsprecher 7165365

Verantwortlicher Fachredakteur: Dipl.-Geoln. ERIKA BIELEFELDT
Fachredakteur: Dipl.-Geoln. IRMGARD FUHRMANN

Anschrift der Redaktion: DDR - 1055 Berlin, Dimitroffstraße 171,
Fernsprecher 4365441

Manuskripte und Korrespondenz erbeten an die Anschrift der Redaktion

Für den Inhalt der Beiträge sind die Autoren verantwortlich

Das Sekretariat der Gesellschaft für Geologische Wissenschaften der DDR hat seinen Sitz in DDR - 104 Berlin, Invalidenstraße 43, Fernsprecher 2826490/2826460

Wissenschaftlicher Sekretär der GGW: Dipl.-Min. J. LAMPRECHT

Redaktionsschluß: 7. April 1976

Erschienen im Akademie-Verlag, DDR - 108 Berlin, Leipziger Straße 3—4

Lizenznummer: 202 · 100/455/77
P 204/76

Gesamtherstellung: VEB Druckhaus „Maxim Gorki“, DDR - 74 Altenburg
Bestellnummer: 762 4283 (2170/7) · LSV 1415
Printed in GDR
DDR 30,— M

INHALT

I. EINLEITUNG

Die Biostratigraphie der karbonischen Sedimente des Svoge-Beckens ist die Endetappe der bisherigen Forschungen des Autors in diesem Gebiet. Frühere Arbeiten (1954—1959) waren hauptsächlich mit der Lösung praktischer Fragen verbunden wie Kohleanteil und Perspektiven des Beckens. Dafür waren die Kenntnisse von Stratigraphie und geologischem Aufbau in großen Zügen ausreichend. In den Jahren 1960—1963 waren die Untersuchungen auf die Lithostratigraphie und die exakte Bestimmung des geologischen Baus konzentriert. Zwar nahmen die biostratigraphischen Probleme dabei keinen geringen Anteil ein, waren aber mehr Methode denn Endziel. Von 1964—1967 wurde auf der Basis der dort gesammelten fossilen Flora die Biostratigraphie des Svoge-Karbons Schwerpunkt der Forschungen.

Neben den guten Arbeitsbedingungen im Geologischen Institut der Bulgarischen Akademie der Wissenschaften und an den Lehrstühlen Paläontologie und Pflanzensystematik der Universität Sofia fand der Autor bei längeren Studienaufenthalten in der ČSSR (Karls-Universität Praha und Národní Muzeum Praha) und in der DDR (Museum für Naturkunde an der Humboldt-Universität zu Berlin) wertvolle Unterstützung für die vorliegende Arbeit. Darüber hinaus bestand ein reger Gedankenaustausch mit Paläobotanikern anderer europäischer Forschungszentren. Allen Fachkollegen und den Direktoren oben genannter Einrichtungen sei dafür herzlich gedankt.

Die Abbildungen zu den Tafeln wurden vom Autor unter Anleitung von Frau Pantewa fotografiert, die auch einen Teil Reproduktionen anfertigte. Für ihre Hilfe sei ihr hier nochmals bestens gedankt. Ebenso dankt Verfasser seinem Kollegen M. GANEV für die Übersetzung des Manuskriptes aus dem Bulgarischen in das Deutsche.

Die Unterschiede bei der Deutung des stratigraphischen Wertes der gesammelten und bestimmten Assoziationen sowie einzelner Funde führten zu großen Schwierigkeiten. Diese beruhten einerseits auf der hauptsächlich vertikalen Ausbreitung der meisten Pflanzenfossilien, wenn man sie außerhalb ihrer typischen Gemeinschaft betrachtet, andererseits auf der Verschiedenheit der Bestimmung und Anwendung der Internationalen stratigraphischen Gliederung für das Karbon. Solche Differenzen können sich selbst innerhalb eines Beckens und bei einer Vergesellschaftung in den Werken verschiedener Autoren finden, aber zumeist betreffen sie gleiche Assoziationen in verschiedenen Becken. Um zu einer einheitlichen Interpretation zu gelangen, werden die Beschlüsse der ersten fünf Kongresse für die Stratigraphie des Karbons sowie des „Lexique stratigraphique“ weitgehend berücksichtigt. Von nicht geringer Bedeutung waren zahlreiche schriftliche Konsultationen mit Kollegen aus dem Ausland sowie die Erfahrungen des Autors, die es ihm gestatteten, subjektive Auslegungen über den stratigraphischen Wert etlicher vorhandener fossiler Pflanzenassoziationen neu zu interpretieren. Hier sei auf den ungleichen Kenntnisstand über die vertikale Ausbreitung der Flora im Oberkarbon hingewiesen. So wurde die Biostratigraphie des Namur auf der Basis seiner Flora erst im letzten Jahrzehnt umfassender bekannt und die des oberen Westfal ist bis heute Gegenstand von Diskussionen und Forschungen.

II. MATERIAL

Für diese Arbeit wurden alle fossilen Fundstücke ausgewertet, die dem Verfasser bekannt und der Bearbeitung zugänglich waren. Sie umfassen das von früheren Forschern gesammelte und erhalten gebliebene Material, Fossilfunde, die von einigen Kollegen übergeben wurden, die gleichzeitig mit dem Verfasser in Svoge gearbeitet haben, sowie die eigenen Aufsammlungen.

Die Kollektionen früherer Forscher sind:

1. Die Sammlung KR. KRESTEW, aufbewahrt in der Staatlichen Universität Sofia;
2. Die Sammlung W. HARTUNG, deren größter Teil im Museum für Naturkunde an der Humboldt-Universität Berlin, Paläontologisches Museum, aufbewahrt wird;
3. Die Sammlung FR. NĚMEJC, aus dem Národní Muzeum Praha;

4. Fundstücke, oft ohne genaue Angaben über Fundort und Finder in den Sammlungen der Staatlichen Universität Sofia;

5. Die Sammlung St. Šafirov aus dem Jahre 1953, bestimmt von Kulaksasov und Černjavska. Die besten Stücke liegen in den Sammlungen der Staatlichen Universität Sofia.

Zu den vom Verfasser bzw. gleichzeitig mit ihm getätigten Aufsammlungen gehören:

1. Die Sammlung Chr. Spassov, aus den Jahren 1954—1955, bestimmt von Černjavska; der größte Teil befindet sich in der Staatlichen Universität Sofia;

2. Die Sammlung G. Kulaksasov aus dem Jahre 1954, zu der auch Exemplare gehören, die bei der Erkundung des Svoge-Beckens 1954 gefunden wurden. Leider ist ein Teil dieses Fundmaterials nicht exakt beschriftet; es liegt in der Staatlichen Universität Sofia.

3. Die Sammlung, gewonnen bei der Erkundung des Svoge-Beckens in den Jahren 1955—1959, leg. von W. Georgiev, P. Saprianov, St. Stefanov und N. Saprianova, ferner von M. Chavgova sowie dem Autor. Diese Kollektion wurde von Černjavska bestimmt. Ihr größerer Teil wird in der Staatlichen Universität Sofia, ein kleiner Teil im Komitee für Geologie aufbewahrt.

4. Die Sammlung Iv. Nikolov (1955) aus den Bergwerken „Berov-dol" und „Pejov-dol", die im Geologischen Institut der Bulgarischen Akademie der Wissenschaften, Sofia, aufbewahrt wird. Bei einem Teil der Stücke, die in der Nähe des Bergwerks „Berov-dol" gefunden wurden, konnte der Fundpunkt nicht mehr exakt ermittelt werden.

5. Die Sammlung des Verfassers aus den Jahren 1960—1967; sie wird im Geologischen Institut der Bulgarischen Akademie der Wissenschaften aufbewahrt.

Die Anzahl der Fundstücke, die aus diesen Sammlungen bestimmt werden konnten, beträgt annähernd 2200.

Die Kollektion von F. Toula wird möglicherweise in Wien aufbewahrt. Sie wurde nach den Abbildungen dieses Autors revidiert.

III. DIE FORSCHUNGSGESCHICHTE DES SVOGE-BECKENS

Die Historie der paläontologischen Erforschung des Svoge-Beckens wurde in der Veröffentlichung von Tenčov & Černjavska (1965) ausführlich dargestellt. Es sei daher auf diese Arbeit verwiesen.

IV. ZUR STRATIGRAPHIE DES SVOGE-KARBONS

Hier seien kurz die bisher publizierten Ansichten über das Alter der Sedimente im Svoge-Becken sowie über deren stratigraphische Abfolge betrachtet.

In einer Arbeit aus dem Jahre 1878 zählt Stur (in Toula 1887) die Sedimente des Svoge-Karbons zum „Culm", d. h. zum Unter-Karbon. Dieser Ansicht wurde von Gothan (1923, S. 307) in einem Zitat im Lehrbuch von Kayser widersprochen.

Krestew (1928) unterstützt die Meinung Gothans, daß es bei Svoge keine Anzeichen für eine unterkarbonische Flora gibt. Durch die von ihm bestimmte Flora wurde das Auftreten von Westfal bewiesen und das Vorkommen von Stefan vermutet.

In einer kurzen Publikation vertritt Bončev (1934) im Zusammenhang mit einigen praktischen Fragen, die den Kohleinhalt des Beckens betreffen, die Ansicht, daß fünf Kohleflöze vorhanden sind.

Der erste ernsthafte Versuch zur Feststellung der stratigraphischen Abfolge der karbonischen Sedimente bei Svoge wurde von Haberfelner (1931) gemacht. Nach ihm liegen an der Basis des Svoge-Karbons schwarze Argillite, im oberen Teil mit Sandsteinbänken. Darüber folgen heller Sandstein und Konglomerate, in die drei bis sechs Kohleflöze eingelagert sind.

In der Arbeit von HARTUNG (1935) wurde mit Sicherheit das Vorkommen von Sedimenten aus dem Namur A sowie Westfal A und B festgestellt. Obwohl Untersuchungen zum stratigraphischen Umfang der Sedimentfolge nicht vorgenommen wurden, wird das Auftreten von oberem Westfal verneint.

Die letzten paläontologischen Arbeiten von NĚMEJC (1943), SPASSOV & REMY (1959) und TENČOV (1968)[1]) erbrachten für das Karbon des Svoge-Beckens keine neuen Stufen.

V. DAS SVOGE-BECKEN

Das Svoge-Becken liegt nördlich von Sofia und erstreckt sich über 150 km². Das Oberkarbon transgrediert mit deutlicher Winkeldiskordanz auf marine Sedimente von Ordovizium, Silur und Oberdevon, ferner auf postsilurische magmatische Gesteine. Die hier verwendeten lithostratigraphischen Einheiten wurden durch TENČOV (1968) ausgeschieden:

A. Tsarichina-Schichten (110 m)

Sie bestehen aus 5—6 m Basalkonglomerat schwankender Mächtigkeit bei einer horizontalen Erstreckung von maximal 100 m sowie einer rasch wechselnden Folge von Sandsteinen verschiedener Korngröße, Aleurolithen, Schiefertonen, Brandschiefern (= kohlige Schiefertone = Carbagillite) und anthrazitischen Kohlenflözen. Zwei kohleführende Horizonte liegen zwischen 10 und 95 m über der Basis. Die fossilen Pflanzenfunde stammen hauptsächlich aus diesem Komplex.

Im Zentralteil des Beckens, entlang seiner südlichen Grenze, überlagern einige hundert Meter Schieferton mit eingeschalteten Aleurolithen und Sandsteinen diese Abfolge.

Die Tsarichina-Schichten sind vom südlichen Teil des Svoge-Beckens bekannt. Sie liegen mit deutlicher Diskordanz auf ordovizischen, silurischen und oberdevonischen Sedimenten. Die darüber folgenden Berovdol-Schichten sind durch eine Erosionslücke von ihnen getrennt.

B. Svidnya-Schichten (bis 260 m)

Sie setzen sich wie folgt zusammen:

50 m Brekzien, Brekzien-Konglomerate und Konglomerate mit zwischengeschalteten Sandsteinen verschiedener Korngröße

50 m enge Wechselfolge von Sandsteinen, Brekzien, Konglomeraten, Aleurolithen, Schieferton, karbonatischem Schieferton und Kohleflözen

90 m Konglomerate und Sandsteine mit schlecht erhaltenen Resten von Lepidophyten und Calamitenstämmen

15 m Sandsteine, Aleurolithe und geringmächtige Kohleflöze.

Die Svidnya-Schichten stehen an der Nordgrenze des Svoge-Beckens an. Sie liegen mit deutlicher Winkeldiskordanz auf ordovizischen und silurischen Sedimenten sowie auf dem Svidnya-Pluton. Überall gehen die Svidnya-Schichten allmählich in die hangenden Dramsha-Schichten über.

---

[1]) Die Autorennamen sind in englischer Schreibweise gegeben, sofern sie darin bereits publiziert haben.

C. Dramsha-Schichten (etwa 150 m)

Sie bestehen aus grauen und schwarzen Schiefertonen und sind mit den liegenden und den darüber folgenden Serien häufig durch lithologische Übergänge verbunden. Weißliche Sandsteinlagen finden sich in der Nähe der unteren und oberen Grenzschichten. Die Dramsha-Schichten treten in der nördlichen Hälfte des Beckens auf; sie sind mit den Svidnya-Schichten verzahnt.

D. Svoge-Schichten (bis 450 m)

Sie setzen sich aus sechs Sandsteinhorizonten in Wechsellagerung mit sechs Horizonten aus Aleurolithen, Schiefertonen und Kohleflözen zusammen. Die obersten drei Sandsteinhorizonte wechsellagern mit Konglomeratbänken. Die Lithologie dieser Serie ist relativ konstant. Die Svoge-Schichten sind für die nördliche Beckenhälfte charakteristisch, wo sie den Hauptanteil der anstehenden Schichten bilden. Die ihnen folgenden Berovdol-Schichten liegen verschiedenen Horizonten der Svoge-Schichten auf, von denen sie durch eine Erosionslücke getrennt sind, die nach Süden stärker fortschritt als nach Norden.

E. Berovdol-Schichten (etwa 260 m mächtig)

Sie bestehen aus einem Basalkonglomerat mit eingeschalteten Sandsteinen und Quarzitgeröllen (bis zu 60 cm ⌀). Letzterer kann mit den Sandstein-Horizonten (70 m) an der Basis der Berovdol-Schichten in der westlichen Beckenhälfte korreliert werden. Die Konglomerate sind nur aus dem östlichen Becken bekannt, sie keilen nach Westen aus. Ihre größte Mächtigkeit beträgt etwa 150 m.

Der Sandstein-Horizont gliedert sich in:

70 m	Sandsteine mit eingeschalteten Aleurolithen
bis 40 m	Wechselfolge von Sandsteinen, Aleurolithen und Schiefertonen mit zwei oder drei Kohleflözen
bis 150 m	vorwiegend Sandsteine mit geringmächtigen Kohleflözen, zwischen 30 und 90 m auftretend.

Im zentralen und nördlichen Teil des Beckens sind die Berovdol-Schichten in stärker sandiger Fazies ausgebildet und enthalten mehrere Kohleflöze. Die Korrelation zwischen beiden Teilen ist unsicher. Pflanzenfossilien wurden hauptsächlich im Liegenden des ersten Kohleflözes gefunden.

Im Ostteil des Beckens überlagern die Berovdol-Schichten präkarbonische Sedimente, im nördlichen Teil liegen sie auf den Dramsha-Schichten und verschiedenen Horizonten der Svoge-Schichten; im Süden transgredieren sie auf die Folgen der Tsarichina-Schichten. Sie werden nach einer Erosionsphase durch die Chibaovtsi-Schichten überlagert.

F. Chibaovtsi-Schichten (bis 400 m)

Sie umfassen die folgenden Horizonte:

40 m	Konglomerate, vorwiegend Quarzgerölle (3—15 cm ⌀)
90 m	Quarzite
30 m	Wechselfolge von Sandsteinen, Aleurolithen und Schiefertonen mit ein bis drei Kohleflözen

60 m Wechsellagerung von Schiefertonen und kohligen Schiefertonen
30 m Konglomerate mit vorwiegend Quarzgeröllen (1—5 cm ⌀); im oberen Teil Sandsteinbänke eingeschaltet
40 m Schiefertone mit kohligen Schiefertonen und einem bis vier Kohleflözen
40 m Quarzite und glimmerführende Sandsteine
50—100 m Feinstkonglomerate (0,2—2 cm ⌀) und Quarzite
10 m sandige Aleurolithe, Kohleflöz an der Basis
30 m Schiefertone, eingeschaltet sind karbonatische Schiefertone
10—15 m Schiefertone.

VI. BESCHREIBUNG DER FOSSILEN FLORA

In diesem Abschnitt werden die fossilen Pflanzen in der Rangstufe einer Art beschrieben, die im Svoge-Becken sicher bestimmbar sind. Außerdem werden Angaben zu solchen Arten gemacht, die zwar als sicher im Svoge-Karbon vorkommend publiziert sind, deren Bestimmung indes ohne ausreichende Begründung erfolgte.

Abteilung Pteridophyta

Klasse Sphenopsida (= Articulatae)

Unterklasse Equisetidae

Ordnung Equisetales

Familie Archaeocalamitaceae

Gattung ***Archaeocalamites*** STUR 1875

Über das Auftreten von *Asterocalamites radiatus* BRGT. (= *Calamites transitionis* GOEPPERT) als Vertreter der Gattung *Archaeocalamites* im Svoge-Becken berichtet TOULA (1878, S. 63, Taf. 2, Fig. 1—3; nach der Bestimmung durch STUR). Diese Bestimmung wurde von KRESTEW (1928, S. 567) revidiert, der auf Grund der alternierenden Rippen zwischen den Nodiallinien bewies, daß es sich um *Calamites* sp. ind. handelt; eine Meinung, der sich HARTUNG (1935, S. 57, 58), NĚMEJC (1943, S. 134) und ebenso Verfasser anschlossen.

Familie Calamiteaceae

Zur Nomenklatur einiger Calamiten

Aus nomenklatorischen Erwägungen unter strikter Beachtung des Internationalen Code der Botanischen Nomenklatur werden die Taxa *Mesocalamites* HIRMER und *Calamites* SUCKOW als Gattungen, die Taxa *Calamites* (*Stylocalamites* WEISS pro syn.), *Calamitina* WEISS, *Diplocalamites* GOTHAN und *Crucicalamites* GOTHAN als Untergattungen der Gattung *Calamites* betrachtet. *Eucalamites* WEISS als Zusammenfassung der beiden Untergattungen *Diplocalamites* und *Crucicalamites* stünde in der Rangstufe zwischen Untergattung und Gattung und wird nicht mehr als Taxon genannt.

Gattung *Mesocalamites* HIRMER 1927

Mesocalamites roemeri (GOEPPERT) HIRMER

Taf. I, Bilder 1–4

1850 *Calamites roemeri.* — GOEPPERT in ROEMER, S. 45; Taf. 7, Fig. 6.
1850 *Calamites goepperti.* — ROEMER, S. 45; Taf. 7, Fig. 8.
1917 *Calamites roemeri.* — KIDSTON & JONGMANS, S. 188; Taf. 40, Fig. 1, 2; Taf. 47. Fig. 1; Taf. 138, Fig. 4; Taf. 143, Fig. 6; Taf. 156, Fig. 4, 5.
1927 *Mesocalamites roemeri.* — HIRMER, S. 382.

Material: Etwa zehn Steinkernabdrücke.

Beschreibung: Achsendicke des größten Exemplars 7 cm. Internodien 4–5 cm lang, d. h. kürzer als breit. Rippen 2 mm breit, mit feinen Längslinien bedeckt. Einige haben superponierte Rippen, andere alternieren an der Nodiallinie. Die alternierenden Rippen enden in einer Spitze, die superponierten abgeschnitten. Die die Rippen trennenden Furchen sind gerade, breit, mit feinen Längslinien bedeckt, besser erkennbar als die auf den Rippen. Am oberen Rand der Rippen oft Supranodialnarben, die aber nicht an jedem der untersuchten Exemplare beobachtet werden konnten. Astnarben fehlen zumeist ebenfalls. Sie sind nur an dem jungen Exemplar auf Taf. I, Bild 3 auf einer der 10 Nodiallinien zu sehen. Narbendurchmesser ungefähr 2,5 mm. Eine zeigt radiale Linien, die als Spuren der Astrippen gedeutet werden. Bis jetzt wurden solche Linien nur bei *M. haueri* beobachtet.

Bei den Stücken Nr. 2008 (Taf. I, Bild 4) und Nr. 2007 sind auf den Rippen feine gekreuzte Furchen zu sehen. Eine solche Furchung wurde bisher nur bei *M. haueri* beschrieben, doch da die Rippen bei *M. roemeri* immer gerade verlaufen und die Astnarben auf den Nodiallinien fehlen, kann sie zu der hier beschriebenen Art gestellt werden.

Mesocalamites roemeri unterscheidet sich von *M. haueri* durch das Fehlen oder seltene Vorkommen von Astnarben und die immer geraden Rippen.

Fundorte: Tsarichina-Schichten — 27, 40, 60, 103.[2])

Mesocalamites cistiiformis (STUR) HIRMER

Taf. I, Bilder 5, 6

1877 *Calamites cistiiformis.* — STUR, S. 200; Taf. 4 (21), Fig. 5, 6.
1877 *Calamites ramifer.* — STUR, Taf. 4, Fig. 4.
1917 *Calamites cistiiformis.* — KIDSTON & JONGMANS, S. 192; Taf. 141, Fig. 6; Taf. 142, Fig. 2(?), 3; Taf. 143, Fig. 7; Taf. 144, Fig. 4; Taf. 145, Fig. 1, 7; Taf. 147, Fig. 1–4.
1927 *Mesocalamites cistiiformis.* — HIRMER, S. 382.
1961 *Calamites suckowi.* — TENČOV, S. 152.

Material: Ungefähr zehn Steinkerne.

Beschreibung: Internodien gleich lang. Verhältnis Länge : Breite bis 1 : 3, Rippen schmal, oft alternierend, wobei die letzteren in einer scharfen Spitze auslaufen. Kleine, tropfenförmige Supranodialnarben gewöhnlich am oberen Teil der Rippe, Furchen zwischen den Rippen gerade, durch zwei deutliche Linien begrenzt. Oberfläche der Rippen mit feinen Längsstreifen bedeckt.

---

[2]) Zur Lage der Fundorte s. Anlage I–III, S. 134–163 sowie Abb. 1.

Größte Ähnlichkeit besteht zu *Calamites cisti* BRGT., aber bei letzterer sind alle Rippen alternierend. Die beschriebene Art ist nur aus Namur-Sedimenten bekannt.

Fundorte: Tsarichina-Schichten — 23, 25 (aff.), 26, 28, 29, 34, 48, 59, 65, 95, 103; Svidnya-Schichten — 18.

Mesocalamites haueri (STUR) HIRMER

Taf. II, Bilder 1, 2; Taf. III, Bilder 1, 3

1877 *Calamites haueri.* — STUR, S. 195; Taf. 19, Fig. 7; Taf. 22, Fig. 2, 3a, 3b.
1917 *Calamites haueri.* — KIDSTON & JONGMANS, S. 197; Taf. 143, Fig. 3, 4; Taf. 144, Fig. 2, 3; Taf. 145, Fig. 2—4, 7; Taf. 146, Fig. 1, 2.
1927 *Mesocalamites haueri.* — HIRMER, S. 382.
1935 *Calamites* cf. *gigas.* — HARTUNG, S. 77; Taf. 14, Fig. 63.
? 1935 *Calamites undulatus* (pars). — HARTUNG, S. 78; Taf. 14, Fig. 67.
1952/1953 *Calamites undulatus.* — STOCKMANS & WILLIÈRE, S. 169; Taf. 24, Fig. 2, 3; Taf. 44, Fig. 6—8.

Material: Mehr als 14 Steinkerne verschiedener Größe und unterschiedlichen Erhaltungszustands.

Beschreibung: Internodien breiter als lang. Rippenbreite bis 6 mm. Alternierende Rippen enden in einer scharfen Spitze, während die superponierten an der Nodiallinie abgeschnitten sind. An der Oberfläche der Rippen längs verlaufende Linien sind bei den meisten Stücken relativ undeutlich. Gekreuzte Furchenbildung an der Oberfläche der Rippen nicht zu beobachten, wahrscheinlich wegen der gröberen Sedimente, in denen die Abdrücke gefunden wurden. Supranodialnarben deutlich am oberen Ende der Rippen, bis 3 mm ∅. Rippen durch geknickte Furchen voneinander getrennt. Astnarben auf jeder Nodiallinie; sie sind etwas größer als die übrigen Male. An den Abzweigungsstellen (Narben) treffen gewöhnlich drei Rippen der einen mit zwei Rippen der anderen Internodien zusammen. In der Mitte der Narbe ein etwas erhabenes Knötchen.

Mesocalamites haueri weist die größte Ähnlichkeit mit *Calamites undulatus* STBG. auf. Da bei letzterer Art ebenfalls superponierte Rippen vorkommen, ist ihre Unterscheidung schwierig. Die Calamiten haben zwar mehr alternierende Rippen, aber entscheidend ist die ungleiche Länge der Internodien und die Verteilung der Astnarben, wobei *C. undulatus* die kürzeren Internodien hat. Bei *M. haueri* sind die Internodien von etwa gleichbleibender Länge, Astnarben findet man auf jeder Nodiallinie.

Anmerkung: Das Exemplar, das HARTUNG (1935) als *C. undulatus* abgebildet hat, ist ein kleines Fragment mit einer Nodiallinie, sechs von seinen insgesamt zehn Rippen sind superponiert, die anderen alternierend. Es stammt aus den Tsarichina-Schichten und gehört sehr wahrscheinlich zur eben beschriebenen Art. Im Museum für Naturkunde an der Humboldt-Universität zu Berlin, Bereich Paläontologisches Museum (Museum Berlin), werden Abdruck und Gegenabdruck eines Exemplars aufbewahrt, das von HARTUNG (1935) als *Calamites* cf. *gigas* BRGT. bestimmt wurde. HARTUNG hat von ihm nur eine Nodiallinie beschrieben. In der benachbarten Nodiallinie, die sehr gut erhalten ist, ist eine Gruppe von Rippen superponiert. Die trennenden Furchen sind geknickt. Dieses Exemplar ist zweifellos ein Vertreter der hier genannten Art. Es ist dies nicht der einzige Fall der Vermischung von Westfal- und Namur-Flora am Fundort 8, zu dem außer der Westfal-Flora von den Halden die Namur-Funde von dem Felsen, auf dem die Halden der Grube „Zerezel“ liegen, gestellt werden.

Die Stücke, die von belgischen Autoren veröffentlicht wurden, besitzen nur Gruppen nichtalternierender Rippen und gehören wahrscheinlich zu *M. haueri*.

Wenn man die Verbreitung der sicher zu *Calamites undulatus* zu stellenden Exemplare überprüft, stellt man fest, daß sie ausnahmslos in das Westfal gehören. Im Unterschied dazu geht *M. haueri* niemals bis in das Westfal. Daher werden die zahlreichen Fragmente, die *C. undulatus* ähneln und aus Namur-Sedimenten stammen, zu *M. haueri* gerechnet. Viele Stücke dieser Art, die aus den Svidnya-Schichten kommen, wurden als cf. bestimmt. Damit ist *M. haueri* im Namur der euramerischen Florenprovinz verbreitet.

Fundorte: Tsarichina-Schichten — 9, 23, 27, 33, 59, 60, 114;
Svidnya-Schichten; unterer und mittlerer Teil — 80 und cf. 50, 71, 78.

Mesocalamites approximatiformis (STUR) HIRMER

Taf. IV, Bild 1

1877 *Calamites approximatiformis.* — STUR, S. 202; Taf. 21, Fig. 7.
1877 *Calamites approximatis.* — STUR (pars), Taf. 21, Fig. 8.
non 1901 *Calamophyllites* cf. *approximatiformis.* — H. POTONIÉ, S. 99; Fig. 57, 58.
1915/1917 *Calamites approximatiformis.* — KIDSTON & JONGMANS, S. 203; Taf. 141, Fig. 1—3; Textfig. 79, 80.
1927 *Mesocalamites approximatiformis.* — HIRMER, S. 382.

Material: Ein einziges Steinkern-Exemplar.

Beschreibung: Acht Nodialknoten, neun Internodien. Internodien 5 cm breit, 1,6—2,4 cm lang, d. h., sie sind mehr als doppelt so lang wie breit. Rippen 2 cm breit, gerade, mit feinen Längsstreifen verziert. Die meisten Rippen superponiert, nur selten alternierend. Am oberen Rippenende kleine, etwa 1 mm große Supranodialnarben. Furchen zwischen den Rippen schmal und gerade, Astnarben nicht erkennbar.

Diese Art ähnelt keiner anderen Calamiten-Art. Sie ist nur aus den Ostrava-Schichten im Becken von Horní Slezko (ČSSR/Oberschlesien) bekannt. Die Abbildungen bei KIDSTON & JONGMANS sind Kopien der Originale.

Die von POTONIÉ (s. Synonymie) abgebildeten Exemplare sind von KIDSTON & JONGMANS zur hier beschriebenen Art gestellt worden. Sie haben jedoch gewellte Rippen, die zudem sehr häufig alternieren.

Fundort: Tsarichina-Schichten — 60.

Mesocalamites tenuis n. sp.

Taf. II, Bilder 3—5; Taf. III, Bild 2

Material: Etwa zehn Steinkern-Exemplare.

Beschreibung: Achsendicke nicht über 1,3 cm, Länge der Internodien dagegen 3—5 cm. Rippen gerade, schmal (0,5—0,7 mm breit), mit außerordentlich feinen Längsstreifen bedeckt. Rippen meist superponiert. Die alternierenden Rippen werden an der Nodiallinie etwas breiter, um dann spitz auszulaufen. Bei einigen Internodien beobachtet man eine Reduzierung der Rippenanzahl, hervorgerufen durch ihre Vereinigung nahe der Nodiallinie (Taf. II, Bild 5). Supranodialnarben nicht deutlich erkennbar, Astnarben fehlen immer. Bei einigen Exemplaren sind haarförmige feine Blätter (?) zu bemerken, doch ist eine Verbindung mit dem Stengel unsicher.

Mesocalamites tenuis n. sp. unterscheidet sich von *M. renieri* STOCKMANS & WILLIÈRE (Längen-/Breitenverhältnis der Internodien 9 : 1, nach LEGGEWIE & SCHONEFELD 1960) durch schmalere Rippen, Fehlen von Astnarben und dadurch, daß die Rippen von *M. tenuis* spitz enden; bei den belgischen Stücken enden sie stumpf. Gewisse Ähnlichkeiten bestehen zu den jugendlichen Exemplaren von *M. cistiiformis* oder *Calamites cisti*, aber gerade bei den jugendlichen Stücken dieser beiden Arten übersteigt das Verhältnis Länge : Breite der Rippen nicht 3 : 1, auch die absolute Länge der Internodien ist bedeutend geringer und selbst bei ausgewachsenen Exemplaren der beiden zum Vergleich stehenden Arten erreicht die Rippenlänge nicht die der neuen Art.

Anmerkung: Ein Teil der Stücke vom Fundort 48 ist für eine sichere Zuordnung zur Art nicht gut genug erhalten, steht ihr aber doch sehr nahe.

Holotypus: Bulgarische Akademie der Wissenschaften, Geologisches Institut Sammlungs-Nr. 2333; Taf. II, Bild 5, 5a.

Weitere Exemplare: Die übrigen Stücke auf Sammlungs.-Nr. 2333, sowie die Nr. 2334 und 2347.

Locus typicus: 59.

Stratum typicum: Tsarichina-Schichten, oberer Teil.

Fundorte: Tsarichina-Schichten — 48, 53, 59.

Mesocalamites sp.

Taf. IV, Bild 2

Material: Das Exemplar einer ausgewachsenen Pflanze, die bereits vor der Fossilisation zerfallen war.

Beschreibung: Internodien 85 mm lang, Rippen 2 mm breit, durch gerade, stark hervortretende, 1 mm breite Furchen getrennt. Rippen meist alternierend, nur einige superponiert. Alternierende Rippen enden spitz. Supranodialnarben schlecht erhalten, doch relativ groß und oval. Astnarben ungefähr 7 mm ⌀ mit Spuren abzweigender Rippen. Narben an jedem Internodialknoten, wo drei oder vier Rippenpaare aneinander stoßen. Vorliegendes Stück könnte zur Untergattung *Diplocalamites* der Calamiten gehören, hat aber superponierte Rippen und ist bezüglich der Länge der Internodien keinem Vertreter dieser Untergattung ähnlich. Von den Mesocalamiten steht *M. ramifer* (Stur) am nächsten, sie hat aber gewellte Rippen. Das einzige bisher aufgefundene Exemplar ist zur Schaffung einer neuen Art nicht gut genug erhalten.

Fundort: Berovdol-Schichten — 24.

Gattung ***Calamites*** Suckow 1784

Calamites undulatus Sternberg

Taf. III, Bilder 6, 7; Taf. V, Bild 1

1825 *Calamites undulatus.* — Sternberg, S. 26; Taf. 1, Fig. 2; Taf. 20, Fig. 8.
1915/1917 *Calamites undulatus.* — Kidston & Jongmans, S. 5; Taf. 1—23, Taf. 24, Fig. 1—3; Taf. 25—28, Fig. 1, 2; Taf. 30; Taf. 31, Fig. 1—5; Taf. 32—37; Taf. 38, Fig. 1; Taf. 39, Fig. 1; Taf. 47, Fig. 7; Taf. 48, Fig. 1; Taf. 50, Fig. 5; Taf. 51, Fig. 1; Taf. 137, Fig. 3; Taf. 157, Fig. 5; Abb. 1—9.
1928 *Calamites undulatus.* — Krestew, S. 435.
1935 *Calamites undulatus.* — Hartung (non Fig.).
1961 *Calamites undulatus.* — Tenčov, S. 52; Taf. 2, Fig. 4.

Material: 20 Exemplare als Abdrücke oder Steinkerne, einige sind sehr gut erhalten.

Beschreibung: Internodien kürzer als breit. Bei Nodiallinien mit Astnarben sind die Internodien unterhalb gewöhnlich kürzer als oberhalb derselben. Rippen bis zu 3 mm breit, mit gekreuzten Furchen bedeckt, durch gewellte oder zickzackförmige, zumeist alternierende Rippen voneinander getrennt. Superponierte Rippen selten. Alternierende Rippen fast im rechten Winkel endend. Supranodialnarben ca. 1 mm groß, oval, im unteren Teil punktförmig, oft nicht erkennbar. In den selten zu beobachtenden Astnarben konvergieren vier Rippenpaare.

In Taf. III, Bild 7 ist ein jugendliches Exemplar dargestellt, dessen Rippen 1 mm breit sind. Internodien 2,4 mm lang, gesamte Breite des Exemplars 1,8 cm. In den Astnarben konvergieren drei Rippenpaare.

Bei dem Stück in Taf. V, Bild 1 sind die Rippen nicht gewellt, sondern sie bilden zickzackförmige Linien.

Calamites undulatus am ähnlichsten ist *Mesocalamites haueri*, bei der die Unterschiede zwischen beiden Arten beschrieben werden (vgl. S. 11).

Fundorte: Svidnya-Schichten — 109;
Dramsha-Schichten — 89;
Svoge-Schichten — 1, 81, 86;
Berovdol-Schichten — 8 A, 15, 56, 64;
Chibaovtsi-Schichten — 8 B, 93.

Calamites* cf. *cisti Brongniart

1928 *Calamites* cf. *cisti*. — Krestew, S. 436.

Sicher nachgewiesen ist diese Art bei Svoge nicht. In den bearbeiteten Sammlungen fehlt sie, das Exemplar von Krestew ist in der Sammlung der Universität Sofia nicht mehr nachweisbar.

Das von Kulaksasov vom Fundort 11 erwähnte Exemplar war in der Sammlung der Universität Sofia ebenfalls nicht mehr auffindbar.

Calamites suckowi Brongniart

Taf. V, Bild 2

1828 *Calamites suckowi*. — Brongniart, S. 124; Taf. 15, Fig. 5, 6; Taf. 16, Fig. 2; (non Taf. 14, Fig. 6; Taf. 15, Fig. 1; Taf. 16, Fig. 1).
1915/1917 *Calamites suckowi*. — Kidston & Jongmans, S. 107; Taf. 39, Fig. 2, 3; Taf. 82—88, Fig. 1; Taf. 90, Fig. 2; Taf. 136, Fig. 2, 3; Taf. 137, Fig. 1, 2; Taf. 138, Fig. 1; Textfig. 67.
1928 *Calamites* cf. *suckowi*. — Krestew, S. 435.
1935 *Calamites suckowi*. — Hartung, S. 77; Taf. 14, Fig. 62.
non 1961 *Calamites suckowi*. — Tenčov, S. 152.

Material: Die als zu dieser Art gehörig betrachteten Stücke sind lange Zeit nicht aufgefunden worden. Sie sind daher nur mangelhaft in der Sammlung des Verfassers vertreten.

Beschreibung: Internodien mehr breit als lang. Rippen flach, gerade, mit Längsstreifen bedeckt, Enden abgerundet. Fast alle Rippen alternieren, selten superponiert. Supranodialnarben relativ groß, oval oder rund, Infranodialnarben punktförmig, soweit wahrnehmbar. Astnarben bei den vom Verfasser bearbeiteten Stücken nicht beobachtbar.

Diese Art unterscheidet sich von den übrigen durch die abgerundeten Enden der Rippen.

Anmerkung: Das Exemplar von Tenčov (1961) gehört zu *Mesocalamites cistiiformis* (Stur) (ausgewachsenes Stück).

Fundorte: Svoge-Schichten — 2 (cf.), 6, 36;
Berovdol-Schichten — 12, 14, 15, 22, 43, 73;
Chibaovtsi-Schichten — 46, 101.

Calamites carinatus STERNBERG

Taf. III, Bild 4

1824 *Calamites carinatus.* — STERNBERG, S. 36; Taf. 32, Fig. 1.
1915/1917 *Calamites carinatus.* — KIDSTON & JONGMANS, S. 141; Taf. 66, Fig. 5; Taf. 104, Fig. 5; Taf. 105; Taf. 106, Fig. 1—4; Taf. 107, Fig. 1; Taf. 108, Fig. 1, 2; Taf. 156, Fig. 6; Textfig. 69.
1928 *Calamites ramosus.* — KRESTEW, S. 435.
1935 *Calamites* cf. *carinatus.* — HARTUNG, S. 78.

Material: Einige Steinkern-Fragmente.

Beschreibung: Astnarben bis zu 2 cm Durchmesser. Rippen durch breite Furchen, diese ihrerseits durch zwei deutlich hervortretende Linien von den Rippen getrennt. Nur im äußersten Viertel der Astnarbe Spuren der Astrippen. Durch dieses Merkmal unterscheidet sich *C. carinatus* von *C. palaeaceus* STUR, bei der die Astrippen auf der ganzen Astnarbe erscheinen. Beide Arten werden als Synonyma angegeben.

Fundorte: Svoge-Schichten — 1, 2, 5, 6, 81;
Berovdol-Schichten — 16, 41, 42;
Chibaovtsi-Schichten — 113.

Calamites sp.

Taf. IV, Bild 3

Es liegt der natürliche Querschnitt eines Calamitenstamms vor. Der äußere Ring stammt von der Rinde. Leitbündel wie radial verlaufende Bogen abgedruckt. Das leere Innere entspricht dem Marksteinkern, auf dessen äußerster Spitze die Leitbündel abgezeichnet sind. Letztere nennen wir Rippen.

Ein solcher Querschnitt ist eine seltene Erhaltungsart. Er stammt vom Fundort 87 der Svoge-Schichten.

Untergattung ***Calamitina*** WEISS 1884

Calamites (Calamitina) sp.

Taf. III, Bild 5

1961 *Calamites* cf. *goepperti.* — TENČOV, S. 154; Taf. 2, Fig. 7.

Das einzige verfügbare Exemplar zeigt nach den Merkmalen der Blätter Ähnlichkeit mit den Vertretern dieser Untergattung. Sie liegen eng nebeneinander, mit großem Punktmerkmal von der Blattader. Höchstwahrscheinlich handelt es sich hier um eine *C. goepperti* ETT., zu der Verfasser sie 1961 gestellt hat.

Fundort: Berovdol-Schichten — 33.

Organgattungen, zu den Calamitaceae gehörend, teils unsicherer Zugehörigkeit

Gattung ***Asterophyllites*** BRONGNIART 1822

Asterophyllites grandis (STERNBERG) GEINITZ

Taf. IV, Bild 6

1825 *Bechera grandis.* — STERNBERG, S. 42; Taf. 49, Fig. 1.
1855 *Asterophyllites grandis.* — GEINITZ, S. 8; Taf. 17, Fig. 4, (non Fig. 5, 6).

1943 *Asterophyllites grandis.* — NĚMEJC, S. 143; Taf. 3, Fig. 14.
1943 *Lycopodites carbonaceus.* — NĚMEJC, S. 142; Taf. 3, Fig. 6.
1953 *Asterophyllites grandis.* — STOCKMANS & WILLIÈRE, S. 180; Taf. 23, Fig. 4; Taf. 29, Fig. 1, 3—6 (non 2); Taf. 33, Fig. 2, 3; Taf. 39, Fig. 1, 2; Taf. 46, Fig. 2; Taf. 53, Fig. 13.

Material: Zahlreiche Exemplare, hauptsächlich Zweigenden.

Beschreibung: Blättchen zu acht bis zehn in einem Wirtel, linear, oben zugespitzt, leicht gebogen, 8 mm lang. Internodien der Zweigachse 5 mm lang. Blättchen reichen daher selten bis zum nächsten Internodium. Adern wurden nicht beobachtet.

Das Original von STERNBERG gehört zu einem sehr gut erhaltenen Stengel. Es hat bis zu 20 Blättchen, bis 10 mm lang, die in einem offenen Wirtel zur Zweigachse stehen. Die sporentragenden Ähren, die auf typische Art verbunden sind, gehören zum Typ *Calamostachys*.

Im Svoge-Karbon ist *A. grandis* wie in Belgien über das gesamte Profil verbreitet. Wegen der fehlenden organischen Verbindung mit Sporophyllähren erfolgt die Bestimmung der Ähren nach den morphologischen Merkmalen der sterilen Zweige.

Anmerkung: *Lycopodites*, zitiert bei NĚMEJC (1943) vom Fundort 8B, aufbewahrt im Národní-Muzeum Praha, gehört zur beschriebenenen Art.

Fundorte: Tsarichina-Schichten — 26, 27, 106;
Svidnya-Schichten — 49, 69, 77;
Svoge-Schichten — 4, 5, 85, 105;
Berovdol-Schichten — 74;
Chibaovtsi-Schichten — 8B, 35, 93.

Asterophyllites charaeformis (STERNBERG) UNGER

Taf. IV, Bilder 4, 5

1825 *Bechera charaeformis.* — STERNBERG, S. 30; Taf. 55, Fig. 3, 5.
1943 *Asterophyllites charaeformis.* — NĚMEJC, S. 143; Taf. 43, Fig. 15; Taf. 4, Fig. 1.

Material: Zahlreiche Exemplare, vor allem Endzweige sowie das Fragment eines Hauptstamms mit Abzweigungen.

Beschreibung: In einem Wirtel stehen vier bis sechs Blättchen. Länge der Blättchen an den Endzweigen ungefähr 1,5 mm, bis 3 mm am mittleren Ast.

Blattader manchmal zu beobachten. Internodien der Seitenzweige ca. 1 mm lang; da die Blättchen stark hakenförmig sind, erreichen sie kaum die Basis des nächsten Wirtels und bleiben oft weit geöffnet. Fragment des Hauptastes 2—3 mm dick, Länge der Internodien 9 mm. Stengel mit Längsstreifen bedeckt. Abzweigungen zahlreich, sie entsprechen der für die Seitenzweige gegebenen Beschreibung. Da NĚMEJC *Calamostachys charaeformis* JONGMANS ebenfalls in den Svoge-Schichten festgestellt hat, wird die Art hier als sicher angenommen.

Fundorte: Tsarichina-Schichten — 59(?);
Svoge-Schichten — 1, 5, 6, 36, 82, 87;
Chibaovtsi-Schichten — 35, 46, 111, 113.

Asterophyllites cf. *equisetiformis* (SCHLOTHEIM) BRONGNIART

1935 *Asterophyllites* cf. *equisetiformis.* — HARTUNG, S. 78.

Im Svoge-Becken hat bisher nur HARTUNG Exemplare dieser Art gefunden. Sie werden in Berlin aufbewahrt. Ihr schlechter Erhaltungszustand erlaubt aber weder eine genauere, eindeutige Bestimmung noch ihre fotografische Aufnahme.

Fundort: Berovdol-Schichten — 10.

Asterophyllites tenuifolius (STERNBERG) BRONGNIART

Taf. V, Bilder 3, 4

1823 *Schlotheimia tenuifolia.* — STERNBERG, S. 28; Taf. 19, Fig. 2.
1828 *Asterophyllites tenuifolius.* — BRONGNIART, S. 159.
1952/1953 *Asterophyllites tenuifolius.* — STOCKMANS & WILLIÈRE, S. 183; Taf. 22, Fig. 1, 2; Taf. 29, Fig. 10; Taf. 39, Fig. 67.

Material: Etwa zehn Exemplare.

Beschreibung: Internodien des Stengels ungefähr 2,2 cm lang, bis zu 4 mm breit. Blättchen zahlreich, oft mehr als 3 cm lang; haarähnlich, ungefähr 1 mm breit. Bei einigen Exemplaren treten die Blätter unter einem Winkel von 30° aus dem Stengel und reichen über den nächstliegenden Wirtel bis an die Blattbasis der folgenden Verzweigung. Bei anderen Fundstücken stehen die Blätter fast senkrecht zum Stamm, manchmal ist die Blattader zu sehen.

Anmerkungen: Lange Zeit wurde *A. tenuifolius* zu den Synonymen von *A. longifolius* (STBG.) gerechnet, später haben STOCKMANS & WILLIÈRE (1952/1953) eine Vermischung beider Arten nachgewiesen. *Asterophyllites longifolius* besitzt wesentlich längere Blätter (bis zu 6 cm lang) bei verhältnismäßig kurzen Internodien, so daß die Blätter den nächsten Wirtel stets vollkommen bedecken.

Fundorte: Tsarichina-Schichten — 23, 26, 59, 117;
Svidnya-Schichten — 71;
Chibaovtsi-Schichten — 39, 93.

Asterophyllites longifolius (STERNBERG) BRONGNIART

Taf. V, Bild 7

1825 *Bruckmannia longifolia.* — STERNBERG, S. 45; Taf. 58, Fig. 1.
1828 *Asterophyllites longifolius.* — BRONGNIART, S. 159.
1935 *Asterophyllites longifolius.* — HARTUNG, S. 78.

Zum Material: HARTUNG nennt ein einziges Exemplar, dessen Blätter die Internodien um ein Vielfaches überragen (aufbewahrt in der Sammlung der Universität Sofia). Außerdem berichtet er in seinen Aufzeichnungen über Stücke von zwei weiteren Fundorten.

In der erwähnten Sammlung der Universität befindet sich nur ein Exemplar (mit der Nr. 32), beschriftet mit *A. longifolius.* Angaben über den Fundort und auch darüber, ob es sich um das von HARTUNG beschriebene Material handelt, fehlen. Es wird indes vermutet, daß es sich um das von ihm erwähnte Exemplar handelt.

Beschreibung: Internodien 1,9 cm lang. Stengel 2 mm dick, längs gefurcht. Wirtel vielblättrig. Blätter haarähnlich, bis 45 mm lang, 0,5 mm breit, einadrig. Sie treten in spitzem Winkel aus dem Stengel, leicht schräg gestellt und verlaufen parallel zum Stamm. Sie ragen deutlich sichtbar über zwei Internodien hinaus.

Diese Art zeigt keine Ähnlichkeit mit den anderen Vertretern der Gattung und kann leicht von ihnen abgetrennt werden.

Fundorte: Chibaovtsi-Schichten — 8B, 8C.

Asterophyllites lycopodioides ZEILLER

Taf. V, Bilder 5, 6

1886/1888 *Asterophyllites lycopodioides.* — ZEILLER, S. 38; Taf. 59, Fig. 1.
1959 *Asterophyllites lycopodioides.* — GOTHAN, S. 57, Taf. 20, Fig. 2—4.

Material: Mehr als zehn Exemplare.

Beschreibung: Die Vertreter dieser interessanten Art können an ihrer grazilen Form leicht erkannt werden. Über sie wurde bisher nur aus dem unteren Teil des Westfal berichtet. Verfasser fand sie sowohl in den Tsarichina- als auch in den Svoge-Schichten des Svoge-Beckens. Die Fundstücke aus beiden Folgen sind kaum voneinander zu unterscheiden. Stengel der Seitenzweige 1 mm dick, Internodien 1,4 mm. In einem Wirtel vier bis sechs Blätter, 2 mm lang, nadelförmig, stark gewölbt. Blättchen in spitzem Winkel zum Stengel; infolge ihrer starken Wölbung reichen sie bis zur Basis des nächsthöheren Wirtels, den sie im unteren Drittel berühren. Das sieht so aus, als lägen zwei Reihen Maschen um den Stengel. Im untersten Teil sind die Blättchen der längsten Zweige leicht gespreizt. Dadurch unterscheidet sich *A. lycopodioides* von *A. charaeformis* STBG.

Fundorte: Tsarichina-Schichten — 97, 106;
Svoge-Schichten — 87.

Asterophyllites gothani LEGGEWIE & SCHONEFELD

Taf. VI, Bilder 1, 3, 4

1953 *Asterophyllites grandis.* — STOCKMANS & WILLIÈRE (pars), Taf. 1, Fig. 2.
1953 *Asterophyllites* sp. — STOCKMANS & WILLIÈRE, Taf. 53, Fig. 9.
1959 *Asterophyllites gothani.* — LEGGEWIE & SCHONEFELD, S. 71; Taf. 38, Fig. 1—4; Taf. 39, Fig. 1—3.

Material: Mehr als 100 Exemplare, hauptsächlich Endzweige.

Beschreibung: Stengel vorletzter Ordnung ca. 1 mm dick, die der letzten ca. 0,5 mm. Internodien entsprechend 4 und 2 mm lang. Blättchen zu fünf bis zehn im Wirtel; am Stengel der vorletzten Ordnung etwa 12 mm lang, in der letzten Ordnung 5—6 mm. Im Querschnitt wurden sogar 20 mm lange Blättchen gemessen. Blättchen im Winkel von 35—45° zum Stamm; fast gerade. Ader selten zu sehen, Blattspitzen reichen bis zur Basis des nächstfolgenden Wirtels, Blätter also doppelt so lang wie die Internodien.

Asterophyllites gothani findet sich im Namur der Sprockhöveler Schichten (Ruhrkarbon) zusammen mit Arten, die der Pflanzengemeinschaft der Svidnya-Schichten entsprechen. An beiden Fundorten kommen nur Mesocalamiten vor, weshalb diese Art höchstwahrscheinlich die Beblätterung von Mesocalamiten vertritt.

Fundorte: Tsarichina-Schichten — 62, 97;
Svidnya-Schichten — 18, 49, 52, 58, 75, 77, 91, 94, 99, 108.

Gattung *Annularia* STERNBERG 1823

Annularia radiata (BRONGNIART) STERNBERG

Taf. IV, Bilder 2, 5

1822 *Asterophyllites radiatus.* — BRONGNIART, S. 35; Taf. 2.
1825 *Annularia radiata.* — STERNBERG, S. 4.
1828 *Annularia radiata.* — BRONGNIART, S. 156; Fig. 7a, 7b.
non 1961 *Annularia radiata.* — TENČOV, S. 154; Taf. 3, Fig. 2.

Material: Knapp zehn Exemplare.

Beschreibung: Erhaltungszustand schlecht, wie für diese Art typisch, da die Blätter sehr fein sind. Alle Stücke stammen von abgetrennten Wirteln. Blättchen nur an der Basis leicht angewachsen, lanzettähnlich, ungefähr 10 mm lang, 2 mm breit. Ende zugespitzt, aber selten erhalten. Blattaderung fein, gut erkennbar.

Fundorte: Svidnya-Schichten — 69 (cf.);
Svoge-Schichten — 5;
Berovdol-Schichten — 31, 74 (cf.);
Chibaotsi-Schichten — 93, 101.

Annularia subradiata STOCKMANS & WILLIÈRE

Taf. VI, Bilder 6, 7

1952/1953 *Annularia subradiata.* — STOCKMANS & WILLIÈRE, S. 176; Taf. 26, Fig. 9, 9a.
1959 *Annularia subradiata.* — LEGGEWIE & SCHONEFELD, S. 73; Taf. 42, Fig. 1—3.

Material: Mehr als zehn Exemplare.

Beschreibung: Blättchen zu neun im Wirtel, zigarrenförmig, ungefähr 3 mm lang, 0,75 mm breit. Größte Breite in der Mitte des Blattes. An der Basis sind die Blätter zu einem Quirl zusammengewachsen. Blattader deutlich, fein, gerade. Ein Exemplar aus der Sammlung der Universität Sofia ähnelt in Form und Größe sehr *A. subradiata.* Die im Svoge-Becken gefundenen Exemplare entsprechen nach Form und Maß dem Holotypus.

Fundorte: Tsarichina-Schichten — 57;
Svidnya-Schichten — 49;
Svoge-Schichten — 37 (cf.).

Gattung *Calamostachys* SCHIMPER 1869

Calamostachys charaeformis JONGMANS

1911 *Calamostachys charaeformis.* — JONGMANS, S. 312.
1943 *Calamostachys* sp. — NĚMEJC, S. 143; Taf. 3, Fig. 20.
1953 *Calamostachys charaeformis.* — NĚMEJC, S. 45, 46.

Unter diesem Namen faßt JONGMANS die von STUR bei *Asterophyllites roehli* und die von ZALESSKY bei *A. charaeformis* beschriebenen sporentragenden Ähren zusammen. Beide Arten werden noch von weiteren Autoren vereint.

Das von NĚMEJC aus Svoge anfangs als *Calamostachys* sp. beschriebene Exemplar wurde vom gleichen Autor im Jahr 1953 zu *C. charaeformis* gestellt.

Nach NĚMEJC (1943, S. 143) gehört das von HARTUNG als *Paracalamostachys minor* WEISS beschriebene und abgebildete Stück höchstwahrscheinlich zu *C. charaeformis.* Die Exemplare von HARTUNG sind nicht gut erhalten, aber doch augenscheinlich sporentragende Ähren kleiner Abmessung. Ihre geringe Größe lassen eine Zugehörigkeit sowohl zu der Art von JONGMANS als auch zu der von WEISS zu. Eine exakte Trennung dieser beiden Arten kann nur unter Beachtung von Details erfolgen, die aber bei HARTUNGS Exemplar nicht zu erkennen sind. So bleibt die Revision durch HARTUNG unbegründet, und sie wird hier nicht berücksichtigt.

Das Exemplar von NĚMEJC fehlt in der Sammlung Praha. Das vom Autor publizierte Bild gestattet keine absolut sichere Bestimmung. Da vom Fundort 5, aus dem das

Fundstück von NĚMEJC stammt, viele Exemplare von *Asterophyllites charaeformis* (STBG.) bekannt geworden sind, kann man die Bestimmung von NĚMEJC als korrekt annehmen.

Fundorte: Svoge-Schichten — 5, 82.

Calamostachys paniculata WEISS

Taf. VI, Bilder 8, 9

1876 *Calamostachys paniculata.* — WEISS, S. 59; Taf. 13, Fig. 1; Taf. 5, Fig. 2; Taf. 19, Fig. 3; Taf. 21, Fig. 6.
1935 *Calamostachys paniculata.* — HARTUNG, S. 79; Taf. 11; Fig. 27, 27a.

Material: Das von HARTUNG beschriebene Exemplar sowie besser erhaltene.

Beschreibung: Sporenähre zylindrisch, 3 cm lang, 6 mm breit. Zugespitzt in einem Brakteenbüschel endend. Glieder der Ähre 2,5 mm lang. Brakteen um die Sporangienträger gewölbt, richten sich dann steil auf, fast parallel zur Ähre. Freier Teil der Brakteen 3—3,5 mm lang, folglich über das nächste Glied hinausreichend. Darin besteht der hauptsächliche Unterschied von *C. paniculata* zu *C. polystachya* und *C. ramosa.* Sporangienträger in der Mitte zweier Nodiallinien mit der Achse der Ähre verbunden, von ersteren gehen die Brakteen ab.

Fundorte: Svidnya-Schichten — 49;
Svoge-Schichten — 5 (cf.);
Chibaovtsi-Schichten — 8B, 8C.

Calamostachys cf. *polystachya* STERNBERG

1935 cf. *Calamostachys polystachya.* — HARTUNG, S. 79.

HARTUNGS Exemplar wurde im Fundort 9 der Tsarichina-Schichten gefunden. Wegen seines schlechten Erhaltungszustands wird es unter Vorbehalt zu der beschriebenen Art gestellt. Das Exemplar fehlt heute in der Sammlung in Berlin.

Ähnlich schlecht erhaltene Ähren wurden in der Nähe dieses alten Fundorts, in 97 und 106, gefunden. Auf ihre Beschreibung wird daher verzichtet.

Gattung *Palaeostachya* WEISS 1876

Palaeostachya ettingshauseni KIDSTON

Taf. VI, Bilder 11, 11a

1854 *Calamites comunis.* — ETTINGSHAUSEN (pars), S. 24; Taf. 8, Fig. 1, 4.
1884 *Calamostachys ludwigi.* — WEISS (pars), Taf. 18, Fig. 26.
1911 *Palaeostachya ettingshauseni.* — KIDSTON, S. 127.

Material: Drei Exemplare.

Beschreibung: Sporentragende Ähren zylindrisch, 4 cm lang, 4 mm breit. Internodien 4 mm lang. Sporenträger zigarrenförmig, 3—3,5 mm lang, größte Breite mit ca. 1 mm in der Mitte. Fast parallel zur Ährenachse angeordnet. Brakteen treten senkrecht aus der Ährenachse, nach etwa 1,5 mm machen sie einen scharfen Bogen, umschließen die Sporangienträger und verlaufen dann gerade mit einer Neigung von

15—20° zur Ährenachse. Freier Teil der Brakteen fast 6 mm lang, daher über das nächststehende Glied hinausragend, bis zur Mitte des übernächsten Internodium reichend.

Fundorte: Svidnya-Schichten — 52, 58, 109 (cf.).

Palaeostachya* aff. *elongata PRESL

1943 *Palaeostachya* aff. *elongata*. — NĚMEJC, S. 143; Taf. 3, Fig. 19.

NĚMEJC hat ein einziges Exemplar gefunden, das in Praha aufbewahrt wird. Es ist für eine genaue Bestimmung oder gute Fotografie zu schlecht erhalten.

Fundort: Svoge-Schichten — 1.

Gattung ***Paracalamostachys*** WEISS 1884

Paracalamostachys cf. ***minor*** WEISS

1884 *Paracalamostachys minor*. — WEISS, S. 194; Taf. 22, Fig. 10—14.
1935 *Paracalamostachys minor*. — HARTUNG, S. 79; Taf. 11, Fig. 28, 28a.

Als einziger zuverlässiger Fund muß der von HARTUNG angesehen werden. Die Exemplare, die in Berlin lagern, stammen zweifelsfrei von sporentragenden Ähren. Ihrer kleinen Maße wegen können sie zu *P. minor* gestellt werden. Zur Revision durch NĚMEJC vgl. S. 19.

Fundort: Svoge-Schichten — 4.

Paracalamostachys striata WEISS

1884 *Paracalamostachys striata*. — WEISS, S. 192; Taf. 20, Fig. 3—5.
? 1935 *Paracalamostachys striata*. — HARTUNG, S. 79.

Zum Material: Außer dem Exemplar von HARTUNG, das in Berlin aufbewahrt wird, existiert derzeit nur ein ebenso schlecht erhaltenes, so daß eine fotografische Wiedergabe nicht möglich ist.

Beschreibung: Es handelt sich um das Fragment einer Ähre, 2 cm lang, 1 cm breit. Internodien nur 3 mm lang, gleich lang sind die Sporangienträger. Brakteen senkrecht zum Stengel, danach biegen sie ab und verlaufen gerade, dicht an die Ähre angeschmiegt. Freier Teil fast 9 mm lang, er bedeckt zweieinhalb Internodien.

Anmerkung: Die Exemplare von HARTUNG sind ziemlich schlecht erhalten, bei keinem sind Brakteen zu beobachten. Ihre Bestimmung ist daher fraglich.

Fundorte: Svidnya-Schichten — 49;
Svoge-Schichten — 4(?);
Berovdol-Schichten — 41.

Gattung ***Calamariophyllum*** HIRMER 1927

Calamariophyllum tsarichinaense n. sp.

Taf. VI, Bild 10

Material: Es liegen ein Abdruck mit Gegenabdruck vor.

Beschreibung: Durchmesser des Stengels ungefähr 1 cm. Blätter zahlreich, fast 4 cm lang. In den ersten 13 mm manschettenartig angewachsen, Breite ungefähr 2 mm.

Freier Teil der Blätter spießförmig. Blattader auf der ganzen Blattlänge deutlich zu erkennen.

Mit ihrer Blattlänge überragt die neue Art alle anderen Vertreter der Art bedeutend. Sie stammt aus den Tsarichina-Schichten, in denen bisher nur Mesocalamiten gefunden wurden. Folglich kann man jetzt behaupten, daß zumindest ein Teil der Vertreter dieser Art eine Beblätterung des Stamms wie die echten Calamiten gehabt hat. Die bisher bekannten Vertreter kommen aus dem Westfal, weshalb sie als charakteristisch für die Calamiten angesehen werden. Die Archaeocalamiten dagegen besitzen vollkommen geteilte Blätter, die sich mehrfach dichotom verzweigen.

Holotypus: Bulgarische Akademie der Wissenschaften, Geologisches Institut, Sammlungs-Nr. 1684 (Abdruck), sowie Nr. 1685 (Gegenabdruck); Taf. VI, Bild 10.

Stratum typicum: Tsarichina-Schichten (Namur A).

Locus typicus: 97.

Derivatio nominis: Nach dem Dorf Tsarichina bei Sofia, wo die Schichten typisch aufgeschlossen sind.

Familie Autophyllitaceae Radczenko 1960

Gattung *Sphenasterophyllites* Sterzel 1907 emend.

Sphenasterophyllites Sterzel 1907

pro syn.: ***Dichophyllites*** Borsuk 1960

Außer der nominaten Gattung *Autophyllites* Grand'Eury 1890, bei der sich die Blätter an der Spitze verzweigen, sind zu den Autophyllitaceae noch zwei weitere Gattungen gestellt worden: *Sphenasterophyllites* Sterzel 1907, bei der sich die Blätter in der Nähe der Basis einmal verzweigen, und *Dichophyllites* Borsuk 1960, deren Blätter sich zweimal verzweigen. An den neuen Fundstücken aus dem Svoge-Karbon kann man ein drei- oder sogar viermaliges Verzweigen der Blätter beobachten. Folgte man dem von Borsuk geschaffenen Beispiel, dann müßte man die Gattung *Trichophyllites* bzw. *Polyphyllites* abtrennen! Da bei der Nominatgattung Sporenführung bekannt ist, und diese bei *Dichophyllites pachystachia* (Ed. Bureau) ähnlich ist (Bureau 1914), sollte man als bessere taxonomische Lösung eine Erweiterung der Diagnose der Gattung *Sphenasterophyllites* Sterzel vornehmen, etwa in dem Sinn: „sterile Beblätterung, mit einer, zwei oder mehr Verzweigungen der Blätter". Eventuelle spätere Entdeckungen sporenführender Organe werden erlauben, eine weniger künstliche und mehr den natürlichen Verhältnissen entsprechende Bestimmung der Gattungszugehörigkeit der Arten im Rahmen der Familie zu schaffen.

Sphenasterophyllites cyril-methodii n. sp.

Taf. VII, Bild 1

Material: Ein Querschnittsabdruck.

Beschreibung: Achse 7 mm Durchmesser. Von ihrer Mitte gehen sieben, an der Basis freie Blätter aus. Besterhaltenes Blatt 2,6 cm lang, 0,6 cm breit, haarförmig. Im Abstand von 3 mm von der Achse verzweigen sich die Blätter unter sehr spitzem Winkel. Beide Teile bleiben auf ihrer ganzen Länge parallel. Ader an der Basis einsetzend, spaltet sich etwa 1 mm unterhalb des Scheitelpunkts der Blätter und verläuft dann durch ihre ganze Länge.

Bei den übrigen Vertretern der Gattung verbreitern sich die Blätter nach der Spaltung. Im Vergleich mit anderen Arten zeigt die beschriebene Art die größte Ähnlichkeit mit *Sphenophyllum myriophyllum* CREPIN. Bei dieser liegt der Scheitelpunkt jedoch in einer größeren Entfernung von der Basis, die Blätter sind nicht parallel, ihr Durchmesser ist größer.

Holotypus: Sammlung der Bulgarischen Akademie der Wissenschaften, Geologisches Institut, Nr. 1949; Taf. VII, Bild 1.

Stratum typicum: Svoge-Schichten (Westfal A).

Locus typicus: 81.

Derivatio nominis: Zu Ehren von KYRILL und METHODI, den Schöpfern des slawischen Alphabets (865—866 u. Z.).

Sphenasterophyllites longifolius n. sp.

Taf. VII, Bilder 2—4

Material: Zehn Blattabdrücke.

Beschreibung: Die neue Art ist nur durch einzelne Blätter vertreten. Blätter bis 8,5 cm lang, 1—1,5 mm breit. Aufspaltung bis zu dreimal in einem sehr spitzen Winkel, Blätter in einer auffallenden Spitze endend. Verzweigung regelmäßig, in Abständen von 2—2,5 cm. Ader deutlich durch die ganze Blattlänge; sie verzweigt sich in jedem Blatteil.

Die Blätter von *S. longifolius* sind denen von *Archaeocalamites* recht ähnlich. Der Hauptunterschied besteht darin, daß die Verzweigung der Blätter bei *Sphenasterophyllites* in regelmäßigen Abständen unter sehr spitzem Winkel geschieht, während bei den Archaeocalamiten jede nächste Verzweigung in fortschreitend kürzerem Abstand unter einem offeneren Winkel erfolgt. Die Blätter von *S. longifolius* besitzen eine deutliche Ader, von der es bei den Blättern der Archaeocalamiten keine Hinweise gibt. Ihre stratigraphische Position ist höher als die des jüngsten bekannten Fundes von Archaeocalamiten. Außerdem sind aus dem Karbon des Svoge-Beckens keine Archaeocalamiten bekannt, wogegen die Blätter von *S. longifolius* massenhaft vorkommen. Die Assoziation, aus der die Blätter stammen, besteht vorwiegend aus Mesocalamiten.

Holotypus: Bulgarische Akademie der Wissenschaften, Geologisches Institut, Sammlungs-Nr. 2076; Taf. VII, Bild 2.

Stratum typicum: Tsarichina-Schichten (Namur A).

Locus typicus: 103.

Derivatio nominus: longus (lat.) = lang; folia (lat.) = Blatt. Wegen der Länge der Blätter.

Fundorte: Tsarichina-Schichten — 103, 116, 117.

Gattung ***Myriophyllites*** ARTIS 1825

Myriophyllites gracilis ARTIS

Taf. VII, Bild 8

1935 *Myriophyllites gracilis.* — HARTUNG, S. 79; Taf. 14, Fig. 66, 67.

Material: Zahlreiche Exemplare befinden sich in der Sammlung von HARTUNG in Berlin. Vom selben Fundort und Sammler liegen etliche Exemplare auch in der Sammlung der Universität Sofia.

Beschreibung: Wurzeln ca. 1,5 mm breit, mit rhombischen Narben bedeckt; in manchen sind punktartige Spuren sichtbar.

Die Art wird in organischem Zusammenhang mit *Calamites suckowi* Brgt. gefunden.

Fundort: Svoge-Schichten — 5.

Gattung ***Pinnularia*** Lindley & Hutton 1839

Pinnularia capillacea Lindley & Hutton

Taf. VII, Bild 14

1834 *Pinnularia capillacea.* — Lindley & Hutton, S. 81; Taf. 111.

Die Abtrennung der Arten im Rahmen der Gattung ist sehr umstritten, wobei man als Basis die Dichte und Länge der Wurzelhaare nimmt. Bei *P. capillacea* sind die Wurzelhaare ungleichmäßig verteilt und verschieden lang. Weitere Merkmale fehlen. Die Art besitzt keinerlei stratigraphischen Wert.

Fundort: Chibaovtsi-Schichten — 93.

Unterklasse Sphenophyllidae

Ordnung Sphenophyllales

Familie Sphenophyllaceae

Gattung ***Sphenophyllum*** Brongniart 1828

Spenophyllum tenerrimum Ettingshausen

Taf. VII, Bilder 6, 7, 11

1877 *Sphenophyllum tenerrimum.* — Stur, S. 108 (214); Taf. 7, Fig. 1—12.
1935 *Sphenophyllum tenerrimum.* — Hartung, S. 77; Taf. 10, Fig. 10.
1943 *Sphenophyllum tenerrimum.* — Němejc, S. 142; Taf. 3, Fig. 8—10.
1961 *Sphenophyllum tenerrimum.* — Tenčov, S. 151; Taf. 2, Fig. 2, 3.

Material: Über 100 Exemplare, vorwiegend Querschnitte, selten Achsen.

Beschreibung: Wirtel meist 15—20 mm ⌀, 9 oder 12 Blättchen tragend, die an der Basis zusammengewachsen sind. Blätter von der Basis bis zur Spitze 0,25—0,5 mm breit. Gewöhnlich verzweigen sie sich in der unteren Hälfte einmal, bisweilen nochmals in 2/3 der Länge. Blätter enden abgerundet oder zugespitzt. Aderung gewöhnlich klar. Sie besteht aus einer sich verzweigenden Ader, die in jeden Blatteil hinein geht. Achse dünn (1—3 mm), gegliedert. Einzelne Internodien 5—20 mm lang, in den Nodien leicht verbreitert.

Fundorte: Tsarichina-Schichten — 9, 26, 27, 29, 34, 40, 60, 62, 63, 67, 95, 97, 100, 103, 106, 115, 117.

Sphenophyllum nemejci n. sp.

Taf. VII, Bilder 9, 10, 12, 13, 13a

Material: Etwa 20 Exemplare.

Beschreibung: Wirtel mit einem Durchmesser von 6—9 mm. Jeder Wirtel trägt neun Blätter. Länge 4 mm, sie verzweigen sich nur einmal. Blattbreite von der Basis zur Mitte zunehmend, sich dort verzweigend. Dabei verengen sich die Teile gleichmäßig und enden in einer ausgeprägten Spitze. Am Scheitelpunkt verändern die äußeren Blattränder ihre Richtung nicht, so daß das Blatt insgesamt dreieckig wirkt, mit nach innen gekehrter Spitze. Blattader verzweigt sich in jedem Teil.

Sphenophyllum nemejci erinnert an *Sph. tenerrimum* und *Sph. trichomatosum*, von denen sie sich durch geringere Größe, ungleiche Blattbreite und die Lage des Scheitelpunkts unterscheidet.

Holotypus: Sammlung der Bulgarischen Akademie der Wissenschaften, Geologisches Institut, Nr. 2075; Taf. VII, Bild 10.

Stratum typicum: Tsarichina-Schichten (Namur A).

Locus typicus: 103.

Derivatio nominis: Zu Ehren von Professor F. NĚMEJC, Praha.

Fundorte: Tsarichina-Schichten — 60, 95, 98, 103, 106.

Sphenophyllum trichomatosum STUR

Taf. VIII, Bilder 1, 2, 4, 5

1887 *Sphenophyllum trichomatosum.* — STUR, S. 262; Taf. 15, Fig. 1, 4, non 2, 3.
1961 *Sphenophyllum trichomatosum.* — TENČOV, S. 152; Taf. 2, Fig. 5, 6, 6a.

Material: Etwa zehn Handstücke mit jeweils mehreren Einzelstücken.

Beschreibung: Der Stamm verzweigt sich oft, fast an jedem Internodium. Von diesen trägt jeder zwei Zweige. Hauptachse 3—4 mm breit, Länge der Internodien 1—2 cm. In den Nodiallinien verbreitert sich die Achse fast nicht. Internodien längs gerippt. In den Furchen kleine Punkte oder Knoten, Spuren der Behaarung der Achse. Aus den Rippen der Hauptachse gehen lineare Blätter ab, 12—18 mm lang, Breite 0,5 mm. Unter sehr spitzem Winkel verzweigen sie sich einmal im Abstand von 3—4 mm von der Basis. Die Teile bleiben fast parallel und enden zugespitzt. Schlußzweige 1—2 mm breit, Internodien an letzteren 5—10 mm lang. Blattquirle 12—20 mm ⌀, aus neun bis zwölf Blättern bestehend. Hauptachsen tragen lange Blätter, die bisher nicht beschrieben sind.

Im Querschnitt und in ihren Schlußästen ist diese Art kaum von *Sph. tenerrimum* ETT. zu unterscheiden, besonders wenn die Blatthärchen nicht erhalten sind. Einen grundsätzlichen Unterschied stellen die spitz endenden Blätter dar. Die Hauptachsen mit langen Blättern ähneln *Sph. myriophyllum* CREPIN, von dem sich *Sph. trichomatosum* durch die relativ schmale Achse unterscheidet, die an den Nodiallinien nicht verbreitert ist und deren Internodien wesentlich länger sind.

Fundorte: Berovdol-Schichten — 33 (cf.);
Chibaovtsi-Schichten — 47.

Sphenophyllum amplum KIDSTON

Taf. VII, Bild 5

1916 *Sphenophyllum cuneifolium* f. *amplum.* — KIDSTON, S. 710; Taf. 3, Fig. 2, 3.
1952/1953 *Sphenophyllum amplum.* — STOCKMANS & WILLIÈRE, S. 195; Taf. 39, Fig. 5; Taf. 46, Fig. 6.

Material: Ein gut erhaltenes Exemplar und einige Stücke, die dieser Art ähneln.

Beschreibung: Achse gerippt und gegliedert. Nodallinien in Abständen von 13 mm. Blätter etwa 15 mm lang, fast gerader Seitenrand. Äußere Seite mehr oder weniger tief geschlitzt, durch scharfe Zähnchen berandet, die durch deutliche Vertiefungen getrennt sind. Aderung reicht bis in jedes Zähnchen. Zur Basis zu vereinigen sich die Äderchen mindestens dreimal in unterschiedlicher Höhe.

Fundorte: Svidnya-Schichten — 88 (cf.), 109.

Sphenophyllum majus (BRONN) BRONN

Taf. VIII, Bilder 9, 10, 12

1828 *Rotularia major.* — BRONN (ex. BOUREAU 1964).
1835 *Sphenophyllum majus.* — BRONN, S. 8, Fig. 9a, b.
1886/1888 *Sphenophyllum majus.* — ZEILLER, S. 42; Taf. 64, Fig. 1, 2.
1943 *Sphenophyllum majus.* — NĚMEJC, S. 142; Taf. 3, Fig. 12, 13.

Material: Etwa 20 Exemplare, hauptsächlich Wirtel.

Beschreibung: Am Wirtel sechs oder neun Blätter, keilartig, 15—22 mm lang. Seitenumrisse der Blätter gerade oder schwach eingebuchtet. Bezahnung der Blätter bei dieser Art recht polymorph. Sie hängt vor allem von der Lage des Wirtels zur Achse ab. Die obersten Wirtel tragen Blätter, die weniger geschlitzt sind, meist zeigen sie nur einen tiefen Sinus in der Mitte jedes Blatts. Zähnchen am Außenrand dann 1—1,5 mm lang, oberes Ende abgerundet, doch sind sie an der Basis scharf. Bei Wirteln, die in der Nähe der Achsenbasis liegen, sind sie tiefer eingebuchtet. In Blattmitte überschreitet der Sinus in seiner Tiefe oft die Hälfte seiner Länge. Außerdem erscheinen seitlich noch zwei oder vier weniger tiefe Einbuchtungen. An solchen Blättern sind die Zähnchen bis 5 mm lang, manchmal besitzt ein Blatt überhaupt keine Zähnchen, sondern nur spitz endende Teile, die durch einen tiefen Sinus abgetrennt werden. Aderung nach Anzahl der Zähnchen zur Blattspitze hin aufgeteilt, zur Blattbasis zu vereinigen sich die Adern mehrmals, ihre Anzahl reduziert sich dabei auf zwei.

Achsen relativ dünn, 1—3 mm, mit langen Internodien (bis 2 mm).

Fundorte: Svoge-Schichten — 86 (cf.);
Chibaovtsi-Schichten — 8C, 110, 113.

Sphenophyllum cuneifolium (STERNBERG) ZEILLER

Taf. VIII, Bilder 3, 6, 7, 8, 14

1823 *Rotularia cuneifolium.* — STERNBERG, S. 33, 37; Taf. 26, Fig. 4a, b.
1880 *Sphenophyllum cuneifolium.* — ZEILLER, S. 30; Taf. 161, Fig. 1, 2.
1928 *Sphenophyllum cuneifolium.* — KRESTEW, S. 436; Taf. 39, Fig. 2; Textfig. 4.
1935 *Sphenophyllum cuneifolium.* — HARTUNG, S. 76; Taf. 10, Fig. 11.
1943 *Sphenophyllum cuneifolium.* — NĚMEJC, S. 142; Taf. 3, Fig. 11.

Material: Etwa 20 Exemplare.

Beschreibung: Wirtel mit sechs bis zwölf Blättern, 8—10 mm lang, am distalen Ende ungefähr 4 mm breit. Seitenumrisse der Blätter gerade, distale Seite mit zugespitzten Zähnchen berandet, deren Länge 1 mm nicht überschreitet. Durch scharfe Kerben getrennt. Aderung bei den meisten Exemplaren der Sammlung des Verfassers nicht erhalten. Jedoch kann gesagt werden, daß sie mit der Anzahl der Zähnchen übereinstimmt.

Die Form *Sphenophyllum saxifragifolium* ist im Svoge-Becken bisher nicht nachgewiesen.

Fundorte: Svidnya-Schichten — 90;
Svoge-Schichten — 4, 5, 36, 37;
Berovdol-Schichten — 31, 64;
Chibaovtsi-Schichten — 93, 110, 111, 113.

Sphenophyllum myriophyllum CREPIN

Taf. VIII; Bilder 13, 15

1886/1888 *Sphenophyllum myriophyllum.* — ZEILLER, S. 422; Taf. 17, Fig. 2—4.
1938 *Sphenophyllum myriophyllum.* — RENIER & STOCKMANS, S. 3; Taf. 13, Fig. 56.

Material: Etliche Exemplare.

Beschreibung: Die Stücke stammen vorwiegend aus der Sammlung KULAKSASOV an der Universität Sofia. Achsen bis 10 mm breit, Internodien 8—12 mm lang. Achse an den Knoten beträchtlich verbreitert, Umriß der Internodien daher bogenartig erhalten. Blätter zahlreich, bis 3 mm lang, nahezu senkrecht aus der Achse herausgehend, fast nicht gebogen. Haarförmig, in Nähe der Achse einmal verzweigt.

Fundorte: Chibaovtsi-Schichten — 39, 101.

Gattung *Sphenophyllostachys* SEWARD 1898

Sphenophyllostachys tenerrimus (HELMHACKER) STOCKMANS & WILLIÈRE

Taf. VIII, Bild 11; Taf. IX, Bilder 1, 2, 2a

1874 *Sphenophyllum tenerrimum.* — HELMHACKER, S. 50; Taf. 2, Fig. 14, 15.
1952/1953 *Sphenophyllostachys tenerrimus.* — STOCKMANS & WILLIÈRE, S. 200; Taf. 1, Fig. 11, 12; Taf. 20, Fig. 1, 1a.

Material: Neun Abdrücke, meist im Querschnitt.

Beschreibung: Im Querschnitt stimmen die sporenführenden Teile nach Maß und Form mit *Sphenophyllum tenerrimum* ETT. überein, doch zwischen den Blättern sieht man die Sporangien. Die Seitenabdrücke entsprechen ebenfalls den sterilen Teilen der Mutterart, aber in der Mitte der Internodien, in Achsennähe, liegen ovale Sporangien. Fixierung zur Achse nicht feststellbar.

Hier zum Vergleich einige Maße von untersuchten Exemplaren:

Exemplar Nr.	Fundort	Breite [mm]	Achse [mm]	Internodien [mm]	Sporangium Länge : Breite
1676	95	8	0,8	2,5	1,2/0,7
2074	97	11	—	—	1,0/—
2149	26	10—11	1,0	2,0	1,0/1,5
2148	26	12—14	2,0	2,0	1,5
2011	27	10	1,2	1,4	0,7/1,0
2009	27	11	—	—	1,0
2009	27	—	1,0	2,0	—
2009	27	—	3,0	—	1,0
2010	27	13	3,0	3,0	1,0

Fundorte: Tsarichina-Schichten — 26, 27, 95, 97.

Klasse Lycopsida

Unterklasse Eleutherophyllidae

Ordnung Eleutherophyllales

Familie Eleutherophyllaceae

Gattung ***Eleutherophyllum*** STUR 1877

Eleutherophyllum mirabile (STERNBERG) STUR

Taf. IX, Bilder 3, 4

1833 *Equisetites mirabilis.* — STERNBERG, S. 45; Taf. 1.
1877 *Hymenophyllites waldenburgensis.* — STUR, S. 178; Taf. 15, Fig. 15.
1877 *Eleutherophyllum mirabile.* — STUR, S. 179.
1930 *Eleutherophyllum waldenburgense.* — ZIMMERMANN, S. 99.
1959 *Eleutherophyllum waldenburgense.* — SPASSOV & REMY, S. 387; Taf. 2, Fig. 9—11.
1959 *Eleutherophyllum mirabile.* — REMY & REMY, S. 95; Fig. 73a—d.

Material: Etwa zehn Exemplare.

Beschreibung: Achse dieser seltenen Art in Internodien oder Pseudo-Internodien gegliedert, da Blattpolster in horizontalen Reihen angeordnet. Blattpolster in Achsenrichtung verlängerte Sechsecke, in benachbarten Reihen alternierend. Am oberen Ende des Sechsecks dreieckige Blattnarbe. In einem Narbenring stehen alle Dreiecksbasen in gleicher Höhe, so eine gerade Linie bildend. Blätter haarförmig, bis 6 mm lang, in den oberen 1—2 mm sich einmal verzweigend. Maximale Dicke vorliegender Stiele 1 cm. Bei einigen Stücken dichotom verzweigt. Unter den bulgarischen Stücken fehlen sporenführende Exemplare.

Fundorte: Tsarichina-Schichten — 28, 96.

Unterklasse Lepidodendridae

Ordnung Cyclostigmatales

Familie Cyclostigmataceae

Gattung ***Pinakodendron*** WEISS 1893

Pinakodendron musivum WEISS

Taf. X, Bilder 4, 4a

1893 *Pinakodendron musivum.* — WEISS, S. 61; Taf. 3, Fig. 16.
1911 *Pinakodendron musivum.* — KIDSTON, S. 164; Taf. 18, Fig. 1—3; Taf. 19, Fig. 1.
1938 *Pinakodendron musivum.* — ZALESSKY & TSCHIRKOVA, S. 124, Abb. 126.
1952 *Pinakodendron musivum.* — NOVIK, S. 207; Taf. 33, Fig. 7.

Material: Ein Exemplar.

Beschreibung: Diese außerordentlich seltene Art wird in der Sammlung KULAKSASOV der Universität Sofia aufbewahrt.

Stiel etwa 3,5 cm dick, mit Blattnarbenreihen bedeckt, die in einer sehr schwach geneigten Spirale angeordnet sind. Die einzelnen Reihen ca. 3,5 mm voneinander entfernt, mit etwa 8 mm Abstand untereinander. Blattnarben hufeisenförmig, mit nach oben gerichteter Öffnung; 2 mm hoch, etwa 1 mm breit. Um jede Narbe ein schwach gewölbtes spindelförmiges glattes Feld, etwa 4 mm hoch, ca. 2 mm breit. Übriger Teil der Rinde von zwei Furchensystemen überzogen, die sich unter spitzem Winkel schneiden, so daß die Oberfläche mit kleinen Rhomben bedeckt erscheint.

Pinakodendron musivum unterscheidet sich von *P. ohmani* WEISS durch die glatten Felder um die Narben und die rhombische Struktur der Rinde. Bis jetzt wurde sie nur aus den westlichen paralischen Becken und aus dem Donezbecken beschrieben, wo sie aus dem Westfal B als sehr seltene Art bekannt ist.

Die Synonymie der Art ist vollständig.

Fundort: Berovdol-Schichten — 15.

Gattung ***Ulodendron*** LINDLEY & HUTTON 1831

Ulodendron majus LINDLEY & HUTTON

Taf. X, Bild 6; Taf. XI, Bilder 1, 6

1831 *Ulodendron majus.* — LINDLEY & HUTTON, Taf. 5.
1831 *Ulodendron minus.* — LINDLEY & HUTTON, Taf. 6.
1964 *Ulodendron minus.* — BOUREAU, Taf. 46, Fig. 1, 4; Taf. 47, Fig. 1.
1966 *Ulodendron majus.* — CROOKALL, S. 486; Taf. 99, Fig. 3; Taf. 100, Fig. 1—3; Textfig. 143.

Material: Etwa zehn Achsenteile.]

Beschreibung: Oberfläche mit sich berührenden rhombischen Blattpolstern bedeckt, diese gewöhnlich gleich breit und hoch. Bei den Stücken des Verfassers sind sie 4 mm groß. Oberer und unterer Winkel abgerundet, Seitenecken zugespitzt. In der Mitte jedes Blattpolsters eine kleine Narbe, wahrscheinlich eine Spur der Aderung.

Die Autoren der Gattung haben gleichzeitig zwei verschiedene Arten aufgestellt, wobei der einzige Unterschied zwischen beiden nur in der unterschiedlichen Größe der Blattpolster besteht. Diese hängt bisweilen vom Alter der Individuen ab und erreicht oft beträchtliche Dimensionen. In jüngster Zeit vereinigen die meisten Autoren sie nach der Priorität als *U. majus* zu einer Art.

Fundort: Tsarichina-Schichten — 59.

Ordnung Lepidodendrales

Familie Lepidodendraceae

Gattung ***Lepidodendron*** STERNBERG 1820

Lepidodendron obovatum STERNBERG

Taf. X, Bild 3

1820 *Lepidodendron obovatum.* — STERNBERG, S. 20, 23; Taf. 6, Fig. 1; Taf. 8, Fig. 1a, b.
1935 *Lepidodendron obovatum.* — HARTUNG, S. 72; Taf. 15, Fig. 72.
1961 *Lepidodendron* cf. *obovatum.* — TENČOV, S. 156; Taf. 4, Fig. 2—4.

Material: Etwa zehn Exemplare.

Beschreibung: Rinde mit spindelförmigen Blattpolster bedeckt, diese 30—35 mm lang (einschließlich ausgezogenem Blattpolsterende), 6—7 mm breit. Blattpolsterenden nach entgegengesetzten Richtungen gebogen. Narben etwas oberhalb der Blattpolstermitte, bei den untersuchten Exemplaren meist schlecht erhalten (Zustand *Aspidiaria*). Kiele beginnen unmittelbar an den Narben und setzen bis in die Blattpolsterenden fort.

Oft wird *L. ovatum* in Synonymie mit *L. aculeatum* STBG. betrachtet. Beide Arten zu unterscheiden ist in der Tat schwierig, da alle ihre Dimensionen in weiten Grenzen schwanken. Als charakteristisch für *L. obovatum* wird hier das Fehlen des die Blattpolster trennenden Bandes angesehen. Diese Einteilung wird von NĚMEJC (1947) abgelehnt, doch ist seine Begründung anfechtbar. So sollen die trennenden Bänder nur bei erwachsenen Exemplaren vorkommen. In dieser Arbeit hier wird bei *L. sturi* n. sp. ein ganz junges Exemplar abgebildet, das diese Bänder bereits besitzt.

Fundorte: Tsarichina-Schichten — 59;
Berovdol-Schichten — 15, 61;
Chibaovtsi-Schichten — 8B.

Lepidodendron aculeatum STERNBERG

Taf. IX, Bild 7; Taf. X, Bild 5

1820 *Lepidodendron aculeatum.* — STERNBERG, S. 20, 23; Taf. 6, Fig. 2; Taf. 8, Fig. 1A, a, b; Taf. 14, Fig. 1—4.
1935 *Lepidodendron* cf. *aculeatum.* — HARTUNG, S. 72; Taf. 11, Fig. 30(?).
1961 *Lepidodendron* cf. *aculeatum.* — TENČOV, S. 155; Taf. 3, Fig. 3 (?); Taf. 4, Fig. 1(?).

Material: Etwa zehn Exemplare.

Beschreibung: Blattpolster 30—35 mm lang, 7—8 mm breit, größte Breite im mittleren Bereich. Obere und untere Blattpolsterenden stark verlängert und in entgegengesetzte Richtungen abgebogen. Blattnarben etwas oberhalb der Mitte gelegen und ebenfalls abgebogen. Bei den untersuchten Exemplaren vereinigen sich die Blattpolsterenden nicht, sondern enden in der Mitte des folgenden Blattpolsters. Die Kiele beginnen an der Blattnarbe und gehen in die längere Spitze über. Blattpolster durch ein etwa 1 mm breites mit Runzeln bedecktes Band getrennt.

Anmerkungen: HARTUNGS Exemplar mit seinen stark verlängerten Blattpolstern, mit den weit oberhalb der Mitte liegenden Narben und dem fehlenden, trennenden Band erinnert stark an *L. fusiforme* CORDA. Bestimmend für letztere Form ist die Art und Weise, in der die Blattpolster nebeneinander liegen. Das fragliche Exemplar fehlt in der Berliner Sammlung, und deshalb kann kein endgültiger Standpunkt geäußert werden.

Fundorte: Tsarichina-Schichten — 9(?), 59;
Svidnya-Schichten — 51;
Berovdol-Schichten — 12, 17, 43.

Lepidodendron lycopodioides STERNBERG

Taf. IX, Bilder 5, 6

1823 *Lepidodendron lycopodioides.* — STERNBERG, S. 29; Taf. 16, Fig. 1, 2, 4.
1928 *Lepidodendron lycopodioides.* — KRESTEW, S. 563.
1935 *Lepidodendron lycopodioides.* — HARTUNG, S. 73; Taf. 11, Fig. 29; Taf. 15, Fig. 78.
1943 *Lepidodendron simile.* — NĚMEJC, S. 140; Taf. 4, Fig. 2—4.

Material: Etwa 15 Exemplare unterschiedlich alter Individuen.

Beschreibung: Bei den jungen Exemplaren Blattpolster stark verlängert, spindelförmig, mit rhombischer Blattnarbe im oberen Fünftel des Blattpolsters und deutlichem unterem Kiel. Bei erwachsenen Exemplaren Polster rhombisch, 15 mm lang, 5 mm breit, dicht angeordnet, ihre Spitzen erheben sich kaum merklich nach verschiedenen Seiten. Narbe im oberen Fünftel, sehr klein. Unterer Kiel zwar deutlich, aber sich wenig abhebend.

Die bulgarischen Exemplare sind bei HARTUNG (1935) und NĚMEJC (1943) gut abgebildet. Dabei hat NĚMEJC die Artbezeichnung „*simile*", die von KIDSTON für manche europäischen Exemplare mit sehr langen Blättern eingeführt wurde, nicht ganz korrekt angewandt. Da die Blattlänge kein wesentliches, sondern ein variables Merkmal darstellt, ist *L. simile* umstritten. Auf keinen Fall ist sie für die bulgarischen Exemplare anwendbar, obere Teile wurden nicht gefunden, und so entsprechen sie dem Typus-Exemplar von STERNBERG.

Fundorte: Tsarichina-Schichten — 68 (cf.);
Svoge-Schichten — 2;
Berovdol-Schichten — 3, 7, 8A, 14, 15, 17;
Chibaovtsi-Schichten — 3, 8B, 8C, 35, 46.

Lepidodendron* cf. *dichotomum STERNBERG (***L. longifolium*** STBG.)

1928 *Lepidodendron* cf. *dichotomum*. — KRESTEW, S. 436.
1943 *Lepidodendron* cf. *longifolium*. — NĚMEJC, S. 140; Taf. 5, Fig. 2.

Das Exemplar von KRESTEW konnte in der Sammlung der Universität Sofia nicht aufgefunden werden. Der Fund von NĚMEJC ist, wie er selbst vermerkt, sehr schlecht erhalten. Solche Stücke befinden sich noch heute in der Sammlung der Universität Sofia. Bei ihnen allen sind die Einzelheiten schlecht erhalten, doch besitzen sie kurzrhombische Blattpolster, was für *L. dichotomum* spricht. Manche Exemplare gehören augenscheinlich zur Art *Ulodendron majus* L. & H. Das Material in den Sammlungen bestätigt nach Meinung des Verfassers nicht die Anwesenheit dieser Art im Svoge-Becken.

Fundort: Chibaovtsi-Schichten — 19.

Lepidodendron rimosum STERNBERG

1928 *Lepidodendron* cf. *rimosum*. — KRESTEW, S. 436.

Neben der Abbildung aus KRESTEW (1928) (das Stück selbst ist in der Sammlung der Universität Sofia nicht mehr auffindbar) stehen fünf Exemplare zur Verfügung, die wenig gut erhaltene, an *L. rimosum* erinnernde Lepidophyten-Abdrücke darstellen.

Blattpolster schmal, spindelförmig, durch ein breites mit Runzeln bedecktes Band getrennt. Blattnarbe hochliegend, Blattpolster nicht entfernt, wie bei *L. rimosum*. Doch stehen die Stücke dem Vergleichsmaterial so nahe, daß sie, wenn auch mit (?), zu *L. rimosum* gestellt werden.

Die Exemplare von den Fundorten 14 und 15 sind *L. rimosum* weniger ähnlich. Die größte Ähnlichkeit zeigt das Stück von Fundort 46.

Fundorte: Berovdol-Schichten — 3 (cf.), 14, 15, 73;
Chibaovtsi-Schichten — 5, 35, 46.

Zum Auftreten von ***Lepidodendron veltheimi*** STERNBERG

1936 *Lepidodendron* sp. nova (?). — HARTUNG, S. 73; Taf. 15, Fig. 73, 73A.

Material: Das Exemplar von HARTUNG ist das einzige im Svoge-Gebiet gefundene, das *L. veltheimi* STBG. nahesteht.

Beschreibung: Blattpolster in der Mitte stark aufgewölbt und durch breite Bänder getrennt. Untere und obere Spitzen nach zwei entgegengesetzten Richtungen gebogen. Blattnarbe ohne erkennbare Einzelheiten im oberen Drittel der Blattpolster. In diesem Merkmal erinnert das Exemplar stark an *L. veltheimi* STBG. (non STUR 1877), wie bereits durch HARTUNG vermerkt. Die Ursache, warum es nicht zu *L. veltheimi* gestellt wird, ist, daß die „Assoziation", in der es kommt, westfälisch ist. Darum vermutet HARTUNG, daß es sich um eine neue Art handelt, doch äußert er sich unbestimmt. Wie erwähnt, sind am Fundort 8 noch weitere Arten des Namur gefunden worden, da die Halden der Gruben, die jüngere Schichten abbauen, auf der Tsarichina-Folge liegen. Außerdem ist es möglich, daß die südlichste Schicht, die in der Grube „Tzeretzel" abgebaut wurde, durch Aufschiebungen in die Tsarichina-Folge eingeschlossen wurde.

Das von TOULA (1878, S. 62, Taf. XII, Fig. 7) unter diesem Namen beschriebene und abgebildete Exemplar ist unbestimmbar, wie bei der Revision durch KRESTEW (1928, S. 439) nachgewiesen wurde. Gleicher Meinung sind HARTUNG (1935) und NĚMEJC (1943), denen sich Verfasser anschließt.

Fundort: Tsarichina-Schichten(?) — 8.

Lepidodendron sturi n. sp.

Taf. X, Bilder 1, 2; Taf. XI, Bild 8

1877 *Lepidodendron veltheimi.* — STUR (pars), S. 269; Taf. 18, Fig. 2, 3; non Taf. 19, Fig. 5, 6, 8—10; ? Taf. 20, Fig. 1—4; non Fig. 5, 6; non Taf. 22, Fig. 1—3.
1905 *Lepidodendron veltheimi.* — FISCHER in POTONIÉ (pars), Fig. 3—5.

Material: Mehr als zehn Exemplare.

Beschreibung: Blattpolster stark verlängert, fast gerade, bis 3 cm lang bei 8 mm größter Breite in der Mitte. Blattnarbe etwas oberhalb der Blattpolstermitte. Einzelheiten auf Blattnarben nicht erkennbar — sowohl beim Material aus dem Svoge-Becken als auch bei den von STUR und FISCHER abgebildeten Funden. Narbe rhombisch, etwa 3 mm × 3 mm. Oberes und unteres Ende allmählich ausdünnend, in fast gerade Ausläufer übergehend. Ausläufer benachbarter Polster miteinander verbunden. Oberer und unterer Kiel klar ausgeprägt, stark aufgewölbt und in die Ausläufer übergehend. Trennendes Band bis 2 mm breit, mit bogenförmigen Runzeln bedeckt.

Diskussion: Die Art *Lepidodendron veltheimi* STBG., bekannt aus dem Unteren Karbon von ganz Europa, ist nach einem zu groben Abdruck definiert worden. Das hat die Möglichkeit eröffnet, zahlreiche Lepidophyten unsicherer Stellung hierher zu zählen. Außer solchen unbestimmbaren Exemplaren, hat STUR weitere Lepidophyten unter diesem Namen abgebildet: *L. aculeatum, L. obovatum, Ulodendron majus.* Hierzu gehören die von STUR abgebildeten Exemplare, die durch die Arbeit HIRMERS (1927) Anlaß gegeben haben, zu *L. veltheimi* STBG. auch solche Exemplare zu stellen, die mit dem Typus-Exemplar von STERNBERG wenig Ähnlichkeit zeigen. Diese Unterschiede sind:

a) die Exemplare bei STUR (1877) besitzen gerade, nicht gebogene Blattpolster, wie es für STERNBERGS Exemplar zutrifft;
b) das Verhältnis Breite/Länge der Blattpolster ist bei der Art von STUR größer;
c) die Polsterausläufer bei der Art von STUR zeigen eine unbedeutende Krümmung;
d) das trennende Band ist bei den Exemplaren von STUR mit bogenartigen Runzeln bedeckt, bei STERNBERGS Stück dagegen glatt.

Die in der Synonymie zitierten Stücke von STUR besitzen spezifische Merkmale, durch die sie von *L. veltheimi* STBG. leicht zu unterscheiden sind. Sie können und sollen daher hier als selbständige Art abgetrennt werden.

Außer vom Svoge-Becken ist *L. sturi* n. sp. aus den Ostraver und Wagstaedter Schichten des Beckens von Horní Sleszko (ČSSR) (Namur A) sowie dem Harz-Gebiet aus unterkarbonischen Sedimenten bekannt.

Holotypus: Bulgarische Akademie der Wissenschaften, Geologisches Institut, Sammlungs-Nr. 1165; Taf. X, Bild 1.

Stratum typicum: Tsarichina-Schichten (Namur A).

Locus typicus: 59.

Fundorte: Tsarichina-Schichten — 59, 68.

Lepidodendron zigzagum n. sp.

Taf. IX; Bild 8

Material: Zwei Exemplare.

Beschreibung: Blattpolster rhombisch, 20 mm lang (ohne Ausläufer), 5 mm breit. Abstand zweier Blattnarben 30 mm. Oberes und unteres Ende des Blattpolsters in einen Ausläufer übergehend, der zickzackförmig gebogen ist. Blattnarbe etwas oberhalb der Blattpolstermitte; klein (2 mm $\times$2 mm), rhombisch. Von der Blattnarbe geht nach oben und unten ein deutlich aufgewölbter Kiel aus, der in den unteren Ausläufer einmündet. Band zwischen den Blattpolstern bis 5,5 mm breit. Von zwei langen, sich kreuzenden Runzelsystemen bedeckt.

Lepidodendron zigzagum n. sp. unterscheidet sich von der ihr am nächsten stehenden *L. sturi* n. sp. durch die rhombische Form des Blattpolsters, die Zick-Zack-Form des Ausläufers und die sich kreuzende Bandrunzelung.

Holotypus: Bulgarische Akademie der Wissenschaften, Geologisches Institut, Sammlungs-Nr. 1513; Taf. IX, Bild 8.

Stratum typicum: Tsarichina-Schichten (Namur A).

Locus typicus: 59.

Gattung *Lepidophloios* Sternberg 1826

Lepidophloios laricinus (Sternberg) Sternberg

Taf. XI, Bilder 2, 4, 10

1820 *Lepidodendron laricinum.* — Sternberg, S. XIII; Fig. 23; Taf. 11, Fig. 2—4.
1826 *Lepidophloios laricinus.* — Sternberg, S. 13.
1935 *Lepidophloios laricinus.* — Hartung, S. 74; Taf. 10, Fig. 16, 17.
1943 *Lepidophloios laricinus.* — Němejc, S. 140; Taf. 4, Fig. 5, 6.

Material: Zahlreiche Exemplare.

Beschreibung: Blattpolster rhomboidal, fast doppelt so breit wie lang. Beim ältesten aufgefundenen Stück beträgt die Breite 18 mm, die Länge 13 mm, doch ist das Blattpolster in einer Ebene geöffnet. Zumeist ist das Blattpolster um die Blattnarbe gebogen, dabei wird seine Höhe reduziert. Ecken des Blattpolsters scharf, unterer Winkel stumpf, oberer Winkel zugespitzt, durch zwei zum Blattpolster vertiefte Bögen abgebildet. Blattnarbe in der unteren Hälfte des Blattpolsters. Bei jungen Exemplaren umfaßt sie mehr als 2/3 des Blattpolsters, dabei seine Breite ausfüllend; bei älteren Stücken nimmt die Blattnarbe das untere Viertel ein. Blattnarbe rhomboidal, mit scharfen Seitenwinkeln und abgerundetem oberem Winkel. Untere Ecke zugespitzt, von zwei vertieften Bögen begrenzt. In ihrem zentralen Teil liegen die Leitbündelnarbe und die Parichnosnarbe. Feld oberhalb der Blattnarbe bei jungen Exemplaren glatt, bei alten Stücken mit schuppenartigen Narben bedeckt. In der Mitte des Feldes oberhalb der Blattnarbe liegt in einem kleinen glatten Feld die Ligulargrube; sie ist besonders deutlich bei jungen Individuen zu sehen.

Anmerkungen: Für gewöhnlich besitzen selbst die jüngsten Exemplare von *L. laricinus* — bis zu einer Breite von 1 cm — keine Blätter. Nach der Literatur sowie den Angaben im Fossilium Catalogus sind beblätterte Exemplare bis jetzt nur von ZALESSKY (1904) und BOUREAU (1914) abgebildet worden. In beiden Fällen handelt es sich um terminale Achsenteile, die diese Blätter im obersten Abschnitt tragen. Blätter selbst etwa 3 mm lang. In der Sammlung der Universität Sofia wurde ein Exemplar mit 17 mm langen Blättern gefunden, das *L. laricinus* ähnlich ist. Leider läßt sich das Stück nicht fotografieren. In der Sammlung des Verfassers liegen Blätter vom Typ *Lepidophylloides nervosus* HARTUNG (siehe dort), von denen zwei an der Basis eine Blattnarbe zeigen, die *L. laricinus* stark ähnelt. Es sei hier betont, daß nur *L. laricinus* und *L. nervosus* aus dem gesamten Profil des Svoge-Karbons bekannt sind, dabei sehr oft an den gleichen Fundorten vorkommend. Es kann also behauptet werden, daß die Blätter von *L. laricinus* unter dem Namen *L. nervosus* bekannt geworden sind. Die von ZALESSKY und BUREAU beschriebenen längeren Blätter stammen von älteren Exemplaren.

Fundorte: *Lepidophloios laricinus* ist in allen Folgen des Svoge-Karbons häufig anzutreffen. Beim Sammeln wurde auf sie nicht besonders geachtet.

Tsarichina-Schichten — 9, 27, 59, 68;
Svidnya-Schichten — 20, 49;
Svoge-Schichten — 1;
Berovdol-Schichten — 7, 8A, 10, 22, 23, 92;
Chibaovtsi-Schichten — 8B, 35, 93.

Gattungen, die auf Organe mit teilweise unbestimmter Zugehörigkeit gegründet sind

Zweige von *Lepidodendron*

Gegenwärtig stellt man die Endzweige von *Lepidodendron* als gesonderte Arten zu dieser Gattung. Taxonomische Merkmale sind Länge und Breite der Blätter. Es existiert eine umfassende Literatur mit zahlreichen Revisionen und den unterschiedlichsten Auffassungen. Die beiden Klassifikationsmerkmale sind leider unvollständig, und sie werden von etlichen äußeren Umständen beeinflußt. So hängt insbesondere die Blattgröße von deren Position an den Zweigen ab. Die Endblätter beispielsweise sind am kürzesten. Die Blattform, hauptsächlich die Biegung, die bei der Artbestimmung beachtet wird, wird bestimmt von solchen Faktoren, wie erhalten gebliebene Fläche und Situation bei den Einflüssen der Fossilisation (Austrocknen, Mazeration usw.). Diese Faktoren, von denen die Erhaltungsform mit abhängt, gehören nicht zu den individuellen Besonderheiten der Blätter. Demzufolge können diese beiden Merkmale, auf Grund derer die Artbestimmung der beblätterten Endzweige von *Lepidodendron* zur Zeit durchgeführt wird, nicht zur Artbestimmung herangezogen werden. Zur Bekräftigung dieser Meinung sei betont, daß alle Arten, die nach Zweigen mit Blättern bezeichnet wurden, vom Unterkarbon bis zum Ende des Westfals bekannt sind, d. h., ihre vertikale Verbreitung entspricht bezeichnenderweise der Verbreitung der gesamten Gattung.

Auf Grund dieser Überlegungen lehnt Verfasser die Aufteilung der beblätterten Zweige auf Arten ab.

Gattung ***Lepidostrobus*** Brongniart 1828

Lepidostrobus cf. ***ornatus*** Brongniart

Taf. XII, Bild 10

1828 *Lepidostrobus ornatus.* — Brongniart, S. 87, 174.
1831 *Lepidostrobus variabilis.* — Lindley & Hutton, S. 31; Taf. 10, Fig. 1—3; Taf. 11, Fig. dextra.
1935 *Lepidostrobus variabilis.* — Hartung, S. 73; non Taf. 15, Fig. 74, 75.

Material: Ein Exemplar.

Beschreibung: Zapfen unvollständig, zylindrisch, 22 mm breit. Sporophyll 4 mm lang, an der Basis 3 mm breit, Form dreieckig, sie bedecken den ganzen Körper des Zapfens, darum sind Achse und Sporangiophore nicht zu erkennen. Seiner allgemeinen Form, den Maßen und der Form der Blätter nach, gehört der Zapfen zu *L. ornatus*; da weitere Details nicht zu beobachten sind, wird das Stück als „cf.“ bestimmt. Das Exemplar liegt in der Sammlung der Universität Sofia.

Fundort: Berovdol-Schichten — 55.

Lepidostrobus meunieri Renault & Zeiller

Taf. XI, Bild 12

1888/1890 *Lepidostrobus meunieri.* — Renault & Zeiller, S. 524; Taf. 61, Fig. 2.
1935 *Lepidostrobus variabilis.* — Hartung, S. 73; Taf. 15, Fig. 74, 75.
1954 *Lepidostrobus meunieri.* — Němejc, S. 25; Taf. 1, Fig. 5—7.

Material: Ein gut erhaltenes Exemplar und drei Fragmente.

Beschreibung: Das beste Exemplar ist eine 10 cm lange Zapfenspitze, etwa 3 cm breit. Breite der Zapfenachse 6 mm; Anheftungstellen der Sporophylle deutlich zu erkennen. Sporangiophoren etwa 11 mm lang, 1,5 mm breit, schwach zur Achse geneigt. Freier Teil der Sporophylle etwa 13 mm lang, leicht zum Zapfenkörper geneigt.

Lepidostrobus meunieri ist aus dem Westfal B—D der ČSSR bekannt. Wie in Frankreich so auch im Svoge-Becken erscheinen sie in Assoziation mit *L. kidstoni* Zalessky.

Fundorte: Chibaovtsi-Schichten — 8B, 8C, 35.

Lepidostrobus brongniarti Goeppert

1852 *Lepidostrobus brongniarti.* — Goeppert, S. 144; Taf. 55, Fig. 2, 3.
1943 *Lepidostrobus* sp. A. — Němejc, S. 140; Taf. 3, Fig. 18.
1954 *Lepidostrobus brongniarti.* — Němejc, S. 30; Taf. 5, Fig. 1—3; Taf. 8, Fig. 2.

Material: Einige schlecht erhaltene Exemplare.

Beschreibung: Breite der Zapfen etwas über 1 cm. Achse ca. 1 mm breit. Sporophylle und Sporangiophore zum Messen und Fotografieren zu schlecht erhalten. Dem Aussehen und dem stratigraphischen Niveau nach entsprechen die Zapfen den im Museum Praha aufbewahrten Exemplaren, die von Němejc als *L. brongniarti* Goep. bestimmt wurden.

Fundorte: Chibaovtsi-Schichten — 8B, 35.

Lepidostrobus obovatus RENIER

Taf. XI, Bild 11

1954 *Lepidostrobus obovatus.* — NĚMEJC, S. 29; Taf. 3, Fig. 7; Taf. 4, Fig. 3, 4; Taf. 6, Fig. 1.

Material: Ein Exemplar.

Beschreibung: Zapfen mehr als 15 cm lang, aber nur die unteren 7 cm gut erhalten. Breite 2,8 cm, Achsenbreite 3 mm. Sporangiophore etwa 8 mm lang. Freier Teil des Sporophylls dicht am Zapfenkörper anliegend. Das Stück entspricht gut dem von NĚMEJC bestimmten Fund.

Lepidostrobus obovatus ist in organischer Verbindung mit *Lepidodendron obovatus* STBG. bekannt, folglich ist er im Namur und Westfal verbreitet.

Fundort: Chibaovtsi-Schichten — 35.

Lepidostrobus kidstoni ZALESSKY

Taf. XII, Bilder 1, 8

1904 *Lepidostrobus kidstoni.* — ZALESSKY, S. 104; Taf. 7, Fig. 3, 4.
1943 *Lepidostrobus* sp. B. — NĚMEJC, S. 31; Taf. 4, Fig. 7.
1954 *Lepidostrobus kidstoni.* — NĚMEJC, S. 23; Taf. 1, Fig. 5—7; Taf. 2, Fig. 1.

Material: Fünf Fragmente.

Beschreibung: Vollständigstes Exemplar 10 cm lang; Basal- und Spitzenteil fehlen. Zapfenbreite etwa 3 cm. Sporangiophore 12 mm lang, 1 mm hoch. Sporophylle eng am Zapfen anliegend, Länge unbestimmt.

Fundorte: Berovdol-Schichten — 8A;
Chibaovtsi-Schichten — 35.

Lepidostrobus squarosus KIDSTON

Taf. XII, Bild 9

1966 *Lepidostrobus squarosus.* — CROOKALL, S. 496; Taf. 101, Fig. 1 (refig. Holotypus), Text-fig. 145b.

Material: Zwei Exemplare.

Beschreibung: Zapfen unvollständig, 6 cm lang, 1,5 cm breit. Achse 1 mm breit. Größe der Sporangiophoren unsicher. Im unteren Zapfenteil abgetrennte Megasporen, Durchmesser ca. 1 mm. Sporophylle im freien Teil etwa 1 cm lang, dünn, zugespitzt endend, zum Zapfen zu geneigt.

Beide Exemplare sind kleiner als der Holotypus von KIDSTON. Wahrscheinlich handelt es sich um Zapfenspitzen.

Fundorte: Tsarichina-Schichten — 59;
Svidnya-Schichten — 52.

Gattung ***Lepidostrobophyllum*** HIRMER 1927

Lepidostrobophyllum lanceolatum (LINDLEY & HUTTON) HIRMER

Taf. XI, Bild 7; Taf. XII, Bild 4

1831 *Lepidophyllum lanceolatum.* — LINDLEY & HUTTON, S. 28; Taf. 7, Fig. 3, 4.
1928 *Lepidophyllum lanceolatum.* — KRESTEW, S. 436.
1935 *Lepidophyllum lanceolatum.* — HARTUNG, S. 73; Taf. 14, Fig. 69.
1943 *Lepidophyllum lanceolatum.* — NĚMEJC, S. 141; Taf. 4, Fig. 8—10.
1952/1953 *Lepidophyllum lanceolatum.* — STOCKMANS & WILLIÈRE, S. 138; Taf. 7, Fig. 8; Taf. 20, Fig. 8; Taf. 25, Fig. 5, 6; Taf. 32, Fig. 7; Taf. 47, Fig. 4.

Material: Zahlreiche Exemplare.

Beschreibung: Länge des Sporophylls 2,5—6 cm, Breite 6—9 mm. Holotypus der Art ohne Sporangiophore abgebildet. Bei den später zu *L. lanceolatum* gezählten Funden sind diese Sporangiophore 8—12, selten bis 15 mm lang. Ein bedeutender Teil der im Svoge-Becken gefundenen Exemplare zeigt diese Maße.

Bei den Stücken aus den Tsarichina-Schichten ist das Sporophyll breiter als gewöhnlich (vgl. Übersicht).

Exemplar	Länge des Sporophyll [mm]	Breite des Sporophyll [mm]	Länge der Sporangien [mm]
NĚMEJC, Taf. 5, Fig. 8	42	9	14
Slg. BAW, NĚMEJC, Taf. 5, Fig. 9	44	10	8
Slg. BAW Nr. 2082	42	12	—
Slg. BAW Nr. 2083a	43	12	13
Slg. BAW Nr. 2083b	40	11	13
Slg. BAW Nr. 2083c	41	10	—
Slg. BAW Nr. 2083d	über 40	11	14
Slg. BAW Nr. 1695	40	9	—
Slg. BAW Nr. 1242	52	14	—

Diese größere Breite verleiht den Sporophyllen aus den Tsarichina-Schichten eine gewölbte Aufsicht. Sie seien als *Lepidostrobophyllum lanceolatum* L. & H. f. *bombatum* f. nova bezeichnet.

Bemerkungen: Zu der typischen Form werden hier auch etliche Sporophylle, die nicht länger als 22 mm und 5 mm breit sind, gestellt. Wahrscheinlich sind es „Blätter" des oberen Zapfenteils, worauf nicht zuletzt ihre anormale Krümmung hinweist.

Fundorte: Tsarichina-Schichten — 9, 27, 28, 103;
Svidnya-Schichten — 20, 76;
Svoge-Schichten — 5;
Berovdol-Schichten — 3, 73;
Chibaovtsi-Schichten — 3, 8B, 104.

Lepidostrobophyllum majus (BRONGNIART) HIRMER

Taf. XII, Bild 5

1822 *Filicites* (*Glossopteris*) *dubius.* — BRONGNIART, S. 32; Taf. 2, Fig. 4.
1828 *Lepidophyllum majus.* — BRONGNIART, S. 87, 174.
1954 *Lepidostrobus* (*Lepidostrobophyllum*) *majus.* — NĚMEJC, S. 64; Taf. 11, Fig. 3—10; Taf. 12, Fig. 1—5.

Material: Etwa 10 Exemplare.

Beschreibung: Da der Holotypus bei BRONGNIART unvollständig ist, wird bei der Artbeschreibung und beim Vergleich von Text und Abbildungen von NĚMEJC (1954) ausgegangen. Stücke vom Svoge-Becken etwa 5 cm lang, 13 mm breit; die Verbreiterung des Blatts erfolgt erst unmittelbar vor seiner Spitze. Sporangiophoren 19 mm lang, 9 mm breit. Ader deutlich von einem 2 mm breiten Band begleitet. Ihren Maßen nach stehen die Exemplare aus dem Svoge-Becken nahe bei den kleinsten Dimensionen der Sporophylle und bei den maximalen der Sporangiophoren. Mit ihrer aufgewölbten Form ähnelt *L. lanceolatum* f. *bombatum* n. f. sehr *L. majus*; Hauptunterschied sind die größeren Sporangiophoren von *L. majus*.

Fundorte: Tsarichina-Schichten — 34(?);
Svidnya-Schichten — 71;
Berovdol-Schichten — 13(?), 16(?), 30(?), 43;
Chibaovtsi-Schichten — 93.

Gattung *Lepidophylloides* SNIGIREVSKAYA 1958

Mit diesem Namen ersetzt SNIGIREVSKAYA *Lepidophyllum* BRONGNIART 1828, der präokuppiert ist, da er zum erstenmal 1816 für rezente Pflanzen angewandt wurde.

Lepidophylloides nervosus (HARTUNG) n. comb.

Taf. XI, Bilder 3, 5

1935 *Lepidophyllum nervosum.* — HARTUNG, S. 73; Taf. 14, Fig. 70, 71.

Material: Mehr als zehn Exemplare.

Beschreibung: Blätter lanzettlich, 10—20 mm lang, 3—4 mm breit. Nach oben zugespitzt, Basis abgerundet-gewölbt. Durch den Mittelteil verlaufen drei Adern, die zur Spitze zu konvergieren. An zwei Stücken findet sich in der Nähe der Blattbasis eine Narbe vom Typ *Lepidophloios laricinus* STBG. (siehe S. 33). Verfasser deutet *L. nervosus* als eine sterile Beblätterung von *L. laricinus* STBG. Die Typus-Serie liegt im Museum Berlin.

Anmerkung: NĚMEJC (1943) äußert sich zu *Sigillariophyllum* sp. dahingehend, daß *L. nervosus* mit Sigillarien-Blättern identisch sei. Diese Deutung wird vom Verfasser nicht für richtig erachtet, Diskussion siehe bei *Cyperites* sp., S. 43.

Fundorte: *Lepidophylloides nervosus* ist über das gesamte Profil des Svoge-Karbons verbreitet.
Tsarichina-Schichten — 23, 59, 68, 98, 106, 114;
Svidnya-Schichten — 21;
Svoge-Schichten — 5;
Berovdol-Schichten — 8 A, 17;
Chibaovtsi-Schichten — 101.

Lepidophylloides sp.

Taf. XI, Bild 9

Material: Etwa zehn Exemplare.

Beschreibung: Blätter nadelförmig, bis 25 mm lang, an der Basis bis 3 mm breit. Blattbasis abgerundet-aufgewölbt, oberes Ende zugespitzt. Drei deutliche Adern verlaufen über das ganze Blatt. Mittelader zentral. Seitenadern dicht an den Blattkanten liegend.

Das betrachtete Taxon erinnert an die mit *Lepidophloios laricinus* STBG. verbundenen Blätter (abgebildet bei ZALESSKY 1904). In den entsprechenden Abbildungen und bei der Beschreibung wird aber eine Blattaderung nicht erwähnt. Außerdem ähneln die Blätter aus dem Svoge-Becken noch *Lepidophylloides fischeri* CROOKALL, sind aber nur halb so lang. Allerdings verbreitern sich die Blätter von *L. fischeri* an der Basis und besitzen an den Seiten seltene verstreut angeordnete kleine Dornen; die Blätter sind außerdem einadrig.

Lepidophylloides sp. unterscheidet sich von *L. nervosus* durch das Verhältnis Breite : Länge (die absolute Länge seiner Blätter ist fast doppelt so groß) sowie die periphere Lage der Seitenader.

Zur Zugehörigkeit zu den Lepidophyten kann noch nichts Endgültiges gesagt werden. Augenscheinlich handelt es sich um eine Art, die im Svoge-Becken vertikal weit verbreitet ist.

Fundorte: Tsarichina-Schichten — 59;
Svidnya-Schichten — 75;
Svoge-Schichten — 82;
Chibaovtsi-Schichten — 104.

Zum Auftreten von ***Lepidophylloides*** cf.(?) ***mirabile*** NATHORST

1943 *Lepidophyllum* cf. (?) *mirabile*. — NĚMEJC, S. 141; Taf. 4, Fig. 11.

Unter diesem Namen beschreibt NĚMEJC einen schlecht erhaltenen Pflanzenabdruck vom Fundort 8 und bildet ihn ab. Nach NĚMEJC kann es sich auch um ein seitlich gepreßtes Exemplar von *L. lanceolatum* L. & H. handeln. Das Stück befindet sich in der Sammlung Praha. Nach Ansicht des Verfassers ist dieser Abdruck ein unbestimmbares Pflanzenfragment.

Familie Sigillariaceae

Gattung ***Sigillaria*** BRONGNIART 1820

Sigillaria elegans (STERNBERG) BRONGNIART

Taf. XII, Bilder 3, 6

1825 *Favularia elegans*. — STERNBERG, S. 43; Taf. 52, Fig. 4.
1836 *Sigillaria elegans*. — BRONGNIART, S. 438; Taf. 146, Fig. 1; Taf. 155; Taf. 158, Fig. 1.
1928 *Sigillaria elegans*. — KRESTEW, S. 564; Textfig. 5.
1935 *Sigillaria elegans*. — HARTUNG, S. 74; Taf. 14, Fig. 68.

Material: In Bulgarien befinden sich die Exemplare von KRESTEW sowie etliche kleine Fragmente.

Beschreibung: Vertikale und horizontale Furchen zerteilen die Rippen in sechseckige Polster. Vertikale Furchen verlaufen zickzackförmig. Blattnarbe ebenfalls sechseckig, das Polster fast vollständig einnehmend. Unterer Teil stärker gewölbt als der obere, der abgerundet ist. Leitbündelnarbe und Parichnosnarbe bei vorliegenden Exemplaren nicht gut erhalten. Leitbündelnarbe punktartig, die der Parichnos halbmondförmig.

Fundorte: Svoge-Schichten — 4, 5.

Sigillaria cf. *decorata* WEISS

1893 *Sigillaria decorata.* – WEISS, S. 207; Taf. 83, Fig. 11, 11a.
1928 *Sigillaria* cf. *decorata.* – KRESTEW, S. 564.

Das Exemplar von KRESTEW fehlt in der Sammlung der Universität Sofia. Da es nicht abgebildet worden ist, kann die Art für das Svoge-Karbon nicht bestätigt werden.

Fundort: Svoge-Schichten – 5.

Sigillaria polyploca BOULAY var. *bulgarica* GOTHAN & KRESTEW

Taf. XII, Bild 7; Taf. XIII, Bild 5

1928 *Sigillaria polyploca* var. *bulgarica.* – GOTHAN & KRESTEW in KRESTEW, S. 565; Taf. 87, Fig. 1.

Material: Zwei Exemplare.

Beschreibung: Rippen durch gewellte Furchen getrennt. Sechseckige Form der Blattpolster infolge Abrundung der Winkel etwas undeutlich. Blattnarbe fast fünfeckig, mit abgerundeter oberer und vertiefter unterer Seite. Leitbündelnarbe und Parichnosnarbe deutlich im oberen Drittel des Blattpolsters. Von den Seitenwinkeln der Blattnarbe gehen bis zu den Furchen zwei bogenartige Runzeln ab. Blattnarben bedeutend vertieft. Feld unterhalb jedes Blattpolsters mit sich kreuzenden bogenartigen Runzeln. *Sigillaria* var. *bulgarica* besitzt im Vergleich zur Nominat-Art verlängerte Blattpolster und das gerippte Feld unterhalb der Polster ist schmaler.

Die beiden (Typus?) Stücke liegen in der Sammlung der Universität Sofia.

Fundort: Svoge-Schichten – 5.

Sigillaria st. bončevi HARTUNG

Taf. XIII, Bilder 6, 6a, 6b

1935 (?) *Sigillaria st. bončevi.* – HARTUNG, S. 75; Taf. 15, Fig. 76, 76A, 77, 77A.
1943 *Lepidodendron st. bončevi.* – NĚMEJC, S. 138.

Material: Außer den von HARTUNG gesammelten Exemplaren, die sich in Berlin befinden, ist bis jetzt nur noch ein Exemplar gefunden worden.

Beschreibung: Senkrechte Rippen schwach ausgeprägt, da die trennenden Furchen undeutlich sind. Blattpolster in senkrechten Reihen angeordnet, Abgrenzungen unscharf. Narben im Abstand von 1 cm, queroval, mit vertiefter oberer und aufgewölbter unterer Seite. Seitenecken scharf. In der Mitte punktartige Leitbündelnarbe und elliptisch geneigte Parichnosnarben. Blattnarbe nur 3 mm breit, 2 mm hoch. Felder zwischen den Blattnarben durch drei Runzelsysteme skulpturiert. Das mittlere liegt spindelartig zwischen den Narben, die beiden seitlichen verlaufen symmetrisch zur Blattnarbe, dabei Bogen bildend; diese nach außen aufgewölbt, ihrer Mitte gegenüber liegt die Blattnarbe.

Sigillaria st. bončevi unterscheidet sich von den übrigen Vertretern der Gattung durch die kleinen Blattnarben, die unscharfen Furchen und die Skulptur der Rippen.

Anmerkungen: NĚMEJC begründet die Änderung des Gattungsnamens nicht. Diese ist damit ungültig, falls es sich nicht um einen technischen Fehler handelt.

Die Abbildungen 76, 76A bei HARTUNG sind ein Gegenabdruck; Blattpolster und Narben sind nicht zu erkennen.

Fundorte: Svoge-Schichten – 5;
Berovdol-Schichten – 30.

Sigillaria mamillaria BRONGNIART

Taf. XII, Bild 2

1836 *Sigillaria mamillaris.* — BRONGNIART, S. 451; Taf. 149, Fig. 1.
1924 *Sigillaria mamillaris.* — DELTENRE, S. 67; Taf. 14, Fig. 1—11.
1966 *Sigillaria mamillaris.* — CROOKALL, S. 374, Taf. 85, Fig. 1, 2; Textfig. 112, 139.

Material: Ein Exemplar.

Beschreibung: Rippen schwach gewölbt. Durch vertikale, leicht zickzackförmig verlaufende sowie durch kurze horizontale Furchen getrennt. Blattpolster verlängert-sechseckig. Blattnarbe obere drei Fünftel der Blattpolsterhöhe und mittlere zwei Drittel seiner Breite einnehmend. Untere zwei Fünftel des Blattpolsters geneigt, durch horizontale Runzeln skulpturiert.

Das Stück liegt in der Sammlung der Universität Sofia.

Fundort: Svoge-Schichten — 5.

Sigillaria schlotheimiana BRONGNIART

Taf. XIII, Bild 2

1836 *Sigillaria schlotheimiana.* — BRONGNIART, S. 469; Taf. 152, Fig. 4.
1928 *Sigillaria schlotheimiana.* — KRESTEW, S. 565.
1935 *Sigillaria schlotheimiana.* — HARTUNG, S. 74.
1966 *Sigillaria schlotheimiana.* — CROOKALL, S. 440; Taf. 92, Fig. 1—5; Textfig. 130, 139.

Material: Zwei Exemplare.

Beschreibung: Rippen schwach gewölbt, durch leicht gewellte Furchen getrennt. Blattnarben vertieft, fast sechseckig, zwei Drittel der Rippenbreite einnehmend. Oberer Teil der Narbe leicht gebogen, im übrigen fast gerade. Seitenecken spitz, restliche Ecken gerundet. Narben von Leitbündel und Parichnos etwas oberhalb der Blattnarbenmitte. Feld zwischen den Blattnarben mit diagonalen Linien skulpturiert, die zur Mitte der Rippe konvergieren.

Fundorte: Svoge-Schichten — 1, 5.

Sigillaria cf. *rugosa* BRONGNIART

1836 *Sigillaria rugosa.* — BRONGNIART, S. 476; Taf. 144, Fig. 2.
1928 *Sigillaria* cf. *rugosa.* — KRESTEW, S. 565.

Das von KRESTEW zitierte Exemplar ist in der Sammlung der Universität Sofia nicht mehr auffindbar. Ein anderes ähnliches Stück wurde bisher nicht noch einmal im Svoge-Karbon nachgewiesen.

Fundort: Svoge-Schichten 1.

Sigillaria elongata BRONGNIART

Taf. XIII, Bild 4

1836 *Sigillaria elongata.* — BRONGNIART, S. 473; Taf. 145, Fig. 2.
1886/1888 *Sigillaria elongata.* — ZEILLER, S. 545; Taf. 81, Fig. 1—9.
1966 *Sigillaria elongata.* — CROOKALL, S. 414; Taf. 88, Fig. 6, 7; Textfig. 129, 139.

Material: Ein Abdruck und sein Gegenabdruck.

Beschreibung: Rippen gewölbt, durch gerade Furchen getrennt. Blattnarben elliptisch, drei Viertel der Rippenbreite und vier Fünftel der Länge einnehmend. Narben 8 mm lang, 4 mm breit, am oberen Ende schmaler als am unteren. Ecken des Blattpolsters abgerundet. Adernarbe punktartig, unter dem oberen Drittel des oberen Blattnarbenrands liegend. Parichnosnarbe kurz, gerade, schmal, in der Nähe der Narbenmitte. Etwa 1 mm oberhalb der Blattnarbe eine kleine bogenartige Querfurche, 1 mm breit; unmittelbar unter ihr die Ligularnarbe. Feld oberhalb dieses Bogens bis zum unteren Rand des nächst oberen Blattpolsters durch Runzeln skulpturiert. Sie umlaufen das untere Ende der Blattnarbe.

Fundort: Chibaovtsi-Schichten — 110.

Sigillaria brardi (BRONGNIART) BRONGNIART

Taf. XIII, Bilder 1, 1a; Taf. XIV, Bild 3

1822 *Clathraria brardi.* — BRONGNIART, S. 222; Taf. 1, Fig. 5.
1836 *Sigillaria brardi.* — BRONGNIART, S. 430; Taf. 158, Fig. 4.
1966 *Sigillaria brardi.* — CROOKALL, S. 430; Taf. 95, Fig. 1—3; Textfig. 136, 139.

Material: Etwa zehn Exemplare.

Beschreibung: Stammoberfläche nicht gerippt. Blattnarben vertieft, Form subrhombisch. Obere und untere Narbenseite abgerundet, Seitenwinkel zugespitzt. Leitbündelnarbe punktartig, fast in Blattnarbenmitte gelegen. Parichnosnarben mondförmig, vertikal auffallend geneigt. Da in den Exemplaren von Svoge das gewölbte glatte Feld, in dem die eigentlichen Blattnarben liegen müßten, fehlt, werden sie zur Form *leiodermata* gestellt. Es sei aber darauf verwiesen, daß die verschiedenen Formen dieser Art auf den Teilen einer Achse angetroffen werden können. Darum werden sie nicht als Unterart betrachtet. Ein kleiner Teil des Feldes um die Blattnarben ist fast glatt, der übrige genarbt. Die Anordnung der Skulpturelemente läßt schwach ausgeprägte bogenartige Furchen unterscheiden. Diese Furchen trennen die genarbten Felder von den Blattnarben.

Alle Elemente (Form und Maße) von *S. brardi* sind sehr variabel. Heute sind unter diesem Artnamen eine Anzahl von Arten vereinigt, die erst später geschaffen wurden; für sie ist aber nachgewiesen, daß sie nur verschiedene (der Lage nach) Teile des Stamms von *S. brardi* BRGT. darstellen.

Sigillaria brardi ist vorwiegend aus dem Stefan bekannt. In jüngster Zeit wurde sie ebenfalls im Westfal D und C festgestellt (CROOKALL 1966).

Fundort: Chibaovtsi-Schichten — 35.

Gattung ***Syringodendron*** STERNBERG 1835

Syringodendron sp.

Taf. XIV, Bild 1

Das abgebildete Exemplar stammt von einem teilweise verkrusteten adulten Individuum. Parichnosnarben nicht vereinigt, sie sind durch paarweise Vertiefungen geprägt.

Fundort: Chibaovtsi-Schichten — 11.

Gattungen, auf Sigillarien-Organen gegründet, deren Artzugehörigkeit teilweise unbekannt ist

Gattung ***Sigillariostrobus*** SCHIMPER 1870

Sigillariostrobus sp.

1928 *Sigillariostrobus* sp. — KRESTEW, S. 565.

Das von KRESTEW so bezeichnete Exemplar befindet sich in der Sammlung der Universität Sofia. Es handelt sich um eine Sporangiophoren tragende Achse. Die Artbestimmung ist unmöglich, da die Sporophyllen nicht erhalten sind.

Fundort: Svoge-Schichten — 1.

Gattung ***Cyperites*** LINDLEY & HUTTON 1832

Cyperites sp.

1943 *Sigillariophyllum* sp. — NĚMEJC, S. 142; Taf. 3, Fig. 17.

Das von NĚMEJC abgebildete Stück war in der Sammlung Praha nicht mehr nachweisbar.

Das Exemplar von NĚMEJC ist rhomboidal, mit verlängertem Oberteil und unvollständigem Unterteil. Wände gerade, Leitbündelnarbe klar, zentral gelegen.

Entsprechend seinen Anmerkungen vermutet NĚMEJC, daß hierzu auch *Lepidophylloides nervosus* (HARTUNG) gezählt werden könnte. Diese Meinung ist wenig begründet, da weder Form noch Maße der Stücke bei NĚMEJC der bei HARTUNG abgebildeten Typus-Serie der Art entsprechen. Der von HARTUNG seinerseits vorgenommene Vergleich mit den Blättern von *Sigillariostrobus nobilis* ZEILLER ist ebenso unbegründet, da die Blätter der letztgenannten Art rhombisch sind, während sie bei HARTUNGS Art lanzettlich sind. Dagegen ist die Abbildung bei NĚMEJC der Art *S. nobilis* ZEILLER recht ähnlich.

Fundort: Chibaovtsi-Schichten — 8B.

Cyperites svogensis n. sp.

Taf. XIII, Bild 3

1935 „Sigillarien-Blätter". — HARTUNG, S. 76.

Material: Außer den Exemplaren aus der Sammlung von HARTUNG fand sich in der Sammlung der Universität Sofia ein Gesteinsstück mit etlichen Blättern, die mit denen in der Berliner Sammlung identisch sind, von HARTUNG aber nicht abgebildet wurden.

Beschreibung: Blätter 2,4 cm lang, mit abgerundeter Basis und verlängertem dreieckigem Vorderteil. Blattseiten schwach vertieft. Eine Ader, die am Ende der abgerundeten Blattbasis einsetzt, ist etwa 1 mm breit.

Die abgerundete Blattbasis läßt vermuten, daß das Blatt mit seiner Basis am Stamm der *Sigillaria* angewachsen war, entspricht doch die Form der Blattbasis der der Blattnarben bei den Sigillarien. Dafür spricht auch der Punkt, an dem die Ader einsetzt.

Cyperites svogensis n. sp. zeigt mit keinen der bisher abgebildeten Vertreter der Gattung Ähnlichkeit.

Holotypus: Bulgarische Akademie der Wissenschaften, Geologisches Institut, Sammlungs-Nr. 105; Taf. XIII, Bild 3.

Stratum typicum: Svoge-Schichten (Westfal A).

Locus typicus — 4.

Fundorte: Svoge-Schichten — 4, 5.

Familie Bothrodendraceae

Gattung *Bothrodendron* LINDLEY & HUTTON 1833

Bothrodendron sp.

1943 *Bothrodendron* sp. an. *Lycopodites carbonaceous.* — NĚMEJC, S, 142; Taf. 3, Fig. 16.

Das unter diesem Namen im Museum Praha aufbewahrte Exemplar, das der Abbildung bei NĚMEJC entspricht, zeigt eine auffallende Ähnlichkeit mit *Asterophyllites grandis* STBG., da die Blätter in derselben Höhe zu beiden Seiten des Stamms abzweigen. *Asterophyllites grandis* ist in beiden von NĚMEJC zitierten Fundstellen nachgewiesen.

Gattung *Stigmaria* BRONGNIART 1822

Stigmaria ficoides (STERNBERG) BRONGNIART

Taf. XIV, Bild 2

1820 *Variolaria ficoides.* — STERNBERG, S. 23; Taf. 12, Fig. 1—3.
1822 *Stigmaria ficoides.* — BRONGNIART, S. 28; Taf. 15, Fig. 7.
1928 *Stigmaria ficoides.* — KRESTEW, S. 436.
1935 *Stigmaria ficoides.* — HARTUNG, S. 76.
1961 *Stigmaria ficoides.* — TENČOV, S. 155; Taf. 3, Fig. 4.

Material: Zahlreiche Exemplare.

Beschreibung: Vorherrschend sind Endstücke mit 3—5 mm breiten Wurzeln. Auf der Oberfläche regelmäßig angeordnet abgerundete Knoten; Durchmesser 3—5 mm mit punktartiger Narbe im Zentrum. Letztere sind Spuren der Appendices. Oberfläche zwischen den Knoten mit unregelmäßig verlaufenden kurzen Runzeln bedeckt. Appendices 6—7 mm breit, oft noch mit der Wurzel verbunden, besonders in fossilen Wurzelböden.

Außer Flächenabdrücken wurden autochthone Exemplare gefunden, bei denen die Appendices radial zum Wurzelkörper liegen.

Fundorte: (nur von solchen Exemplaren, die in Sammlungen aufbewahrt sind):
Tsarichina-Schichten — 40;
Svoge-Schichten — 5, 6, 72;
Berovdol-Schichten — 3, 7, 8A, 10, 33, 55, 83;
Chibaovtsi-Schichten — 3, 8B, 8C, 11, 46, 111.

Stigmaria inaequalis GOEPPERT

1878 *Stigmaria inaequalis.* — TOULA, S. 63; Taf. 12, Fig. 6.
1928 — — KRESTEW, S. 565.

Das in der Arbeit von TOULA abgebildete Exemplar ist ein unbestimmbarer Pflanzenrest, worauf bereits KRESTEW (1928) hinweist. Dieser Meinung stimmen NĚMEJC, HARTUNG und Verfasser zu.

Klasse Pteropsida

Unterklasse Palaeopteridae

Ordnung Phyllophorales

Familie Zygopteridaceae

Gattung ***Corynepteris*** BAILY 1860

Corynepteris coralloides (GUTBIER) KIDSTON

1835 *Sphenopteris coralloides.* — GUTBIER, S. 40; Taf. 5, Fig. 8.
1926 *Corynepteris coralloides.* — KIDSTON, S. 297; Taf. 69, Fig. 4; Taf. 73, Fig. 2—5; Taf, 79, Fig. 4; Textfig. 21B.
1943 *Corynepteris coralloides.* — NĚMEJC, S. 144; Taf. 6, Fig. 1, 2.

Zum Material: Außer dem von NĚMEJC beschriebenen und abgebildeten Stück ist im Svoge-Becken bisher kein weiteres Exemplar gefunden worden. Der Erhaltungszustand ist so schlecht, daß eine Abbildung unmöglich ist. Doch ergab die Durchsicht der Sammlung im Museum Praha, daß die Bestimmung von NĚMEJC gut begründet ist.

Beschreibung: Es liegt das Fragment einer Fieder[3]) vorletzter Ordnung vor, mit etwa zehn Fiederchen. Fiederchen 4 mm lang, wechselständig, fast senkrecht zur Rhachis letzter Ordnung, herablaufend. Von der Basis zur Spitze spalten sich die Fiederchen in mehrere stumpfwinklige Teile, die durch zwei oder drei kleine Zähnchen berandet sind. Mittlere Fiederader deutlich, bis in jedes Fiederchen verfolgbar, dort oft unklar werdend. Sie spaltet sich bis in jedes einzelne Zähnchen auf.

Fundort: Chibaovtsi-Schichten — 8C.

Corynepteris angustissima (STERNBERG) NĚMEJC

Taf. XIV, Bilder 4, 5

1823 *Pecopteris angustissima.* — STERNBERG, S. 29; Taf. 23, Fig. 1.
1938 *Corynepteris angustissima.* — NĚMEJC, S. 15; Taf. 1, Fig. 2, 4.
1962 *Alloiopteris* (*Corynepteris*) *sternbergi.* — TENČOV, S. 73; Taf. 1, Fig. 1, 2, 5.

Material: Drei Exemplare.

Beschreibung: Vollständigstes Exemplar einer Fieder drittletzter Ordnung. Rhachis 2 mm dick. Fiedern vorletzter Ordnung bandartig, bis 25 mm lang, bis 3 mm breit. Die zahlreichen Fiederchen ebenfalls alternierend, subquadratisch, in drei oder vier Zähnchen aufgespalten, zwischen denen scharfe Einkerbungen liegen. Mittlere Ader zur Rhachis geneigt; erstere verzweigt sich bis in jedes einzelne Zähnchen.
Die Stücke liegen in der Sammlung der Universität Sofia (leg. KULAKSASOV).

Fundorte: Svidnya-Schichten — 50 (cf.);
Svoge-Schichten — 5;
Berovdol-Schichten — 42.

[3]) Bei der Terminologie der Pteridophyll-Teile wurden die in der DDR gebräuchlichen Fachausdrücke redaktionell eingearbeitet. Sie entsprechen etwa den von M. BOERSMA (1972) in „The heterogeneity of the form genus *Mariopteris* ZEILLER“ verwendeten Termini. Danach entsprechen die Fiederchen den Fiedern letzter Ordnung.

Corynepteris pecopteroides Gothan

Taf. XIV, Bilder 6, 6a

1913 *Alloiopteris* (? *Corynepteris*) *pecopteroides.* — Gothan, S. 110; Taf. 25, Fig. 2, 2a; Textfig. 8.

Material: Zwei Fragmente von Fiedern vorletzter Ordnung.

Beschreibung: Fiederchen senkrecht zur Rhachis; 6—7 mm lang, 2 mm breit. Fiederchen mit ganzer Basis an der Rhachis angewachsen, d. h. pecopteroidisch. Aufgespalten in vier oder fünf große Teile, jedes mit zwei Zähnchen. Mittelader deutlich, relativ dick und stark zur Rhachis geneigt. Anzahl der Nebenadern entspricht der Anzahl der Zähnchen.

Bei den bulgarischen Exemplaren sind die Fiederchenteile nicht so groß wie bei Gothan; dies liegt wahrscheinlich in der Endlage der Fundstücke begründet.

Fundort: Chibaovtsi-Schichten — 101.

Corynepteris sp.

Taf. XV, Bild 6

Material: Einige wenig gut erhaltene Fragmente.

Beschreibung: Fiedern vorletzter Ordnung mit bandartig zusammengewachsenen Fiederchen, deren Einkerbungen fast bis zur Rhachis reichen. Mittelader deutlich, ihre Verzweigungen undeutlich.

Die vorliegenden Stücke gehören wahrscheinlich zu einer neuen Art, da ähnliche Vertreter der Gattung bisher im Namur A nicht bekannt sind. Das zur Verfügung stehende Material ist indes zur Aufstellung einer neuen Art unzureichend.

Fundorte: Tsarichina-Schichten — 26, 100.

Ordnung Crossothecales

Familie Crossothecaceae

Gattung *Crossotheca* Zeiller 1883

Crossotheca schatzlarensis (Stur) Kidston

Taf. XIV, Bild 7; Taf. XV, Bild 4

1883 *Calymotheca schatzlarensis.* — Stur, S. 83; Textf. 36.
1885 *Calymotheca schatzlarensis.* — Stur, S. 265; Taf. 38, Fig. 1, 2; Textfig. 40.
1935 *Sphenopteris* (*Crossotheca*) *schatzlarensis.* — Hartung, S. 84; Taf. 10, Fig. 5—9.

Material: Neben den Exemplaren von Hartung einige Fragmente, Fiedern vorletzter Ordnung.

Beschreibung: Rhachis 1 mm dick, deutlich längsgerippt. Fiedern alternierend, lanzettlich, bis 15 mm lang. Die sieben bis neun Fiederchen ebenfalls alternierend. Größte Länge 6 mm. Jedes Fiederchen in zwei, vier oder sechs Teile gespalten, die glatt oder am oberen Ende gespalten sind. Aderung deutlich. Mittelader mehrfach gegabelt, so daß in jeder Spitze eine Verzweigung; ist die Mittelader verzweigt, teilen sich auch die Seitenadern noch einmal.

Fundorte: Svidnya-Schichten — 108;
Svoge-Schichten — 5.

Ordnung Urnatopteridales

Familie Urnatopteridaceae

Gattung ***Renaultia*** ZEILLER 1883

Renaultia rotundifolia (ANDRAE) ZEILLER

Taf. XV, Bild 5

1869 *Sphenopteris rotundifolia.* — ANDRAE, S. 37; Taf. 12, Fig. 1, 2.
1899 *Renaultia rotundifolia.* — ZEILLER, S. 17.
1956 *Renaultia rotundifolia.* — DANZÉ, S. 199; Taf. 32; Taf. 33, Fig. 1, 2; Textfig. 13.

Material: Einige kleine Fragmente.

Beschreibung: Achse vorletzter Ordnung 1 mm dick, glatt. Fiedern vorletzter Ordnung bis 2 cm lang, von verlängert-dreieckiger Form. Achse leicht gebogen. Fiederchen bis 7 mm lang. Abhängig von ihrer Position an der Achse haben sie drei bis fünf Loben. Loben abgerundet, bei Fiederchen mit fünf Loben Einkerbungen tiefer und spitzer. Fiederchenspitze abgerundet. Fiederchen relativ breit an der Rhachis angewachsen. Aderung kaum erkennbar. Seitenadern verzweigen sich entsprechend der Lobenanzahl, reichen aber nicht bis in ihre Spitzen.

Die größte Ähnlichkeit zeigt *R. rotundifolia* mit *Sphenopteris laurenti* ANDRAE. Bei letzterer Art sind die Fiederchen kürzer und nicht so tief eingeschnitten. Die Fiederchen letzter Ordnung sind kürzer und die Rhachis nicht gebogen.

Fundorte: Berovdol-Schichten — 44;
Chibaovtsi-Schichten — 93, 101, 111, 113.

Renaultia schatzlarensis (STUR) ZEILLER

Taf. XV, Bild 7

1885 *Hapalopteris schatzlarensis.* — STUR, S. 58; Taf. 39, Fig. 7, 7 A; Taf. 40, Fig. 2—6 (non Fig. 1).
1889 *Sphenopteris (Renaultia) schatzlarensis.* — ZEILLER, S. 15; Taf. 1, Fig. 11.
1913 *Sphenopteris (? Renaultia, ? Boweria) schatzlarensis.* — GOTHAN, S. 139; Taf. 28, Fig. 5; Taf. 29, Fig. 1, 4.
1941 *Sphenopteris (Renaultia) schatzlarensis.* — GOTHAN, S. 25; Taf. 56, Fig. 1—3.
1956 *Renaultia schatzlarensis.* — DANZÉ, S. 175; Taf. 26, Fig. 9.

Material: Einige Exemplare.

Beschreibung: Rhachis vorletzter Ordnung dünn, glatt, leicht gebogen. Fiedern vorletzter Ordnung spitz-dreieckig bis lanzettlich. Fiederchen zwei-, drei- oder fünflappig, abhängig von ihrer Lage an der Rhachis. Dicht aneinander liegend, ohne sich zu berühren oder zu bedecken. Basisfiederchen eckig, nicht zerschlitzt. Dreilappige Fiederchen tief eingebuchtet, spitz endend. Fünflappige Fiederchen sehr tief eingebuchtet; unterstes Teilpaar nochmals zerschlitzt. Aderung folgt der Teilung des Fiederchens.

Fundorte: Svoge-Schichten — 112;
Berovdol-Schichten — 31.

Gattung *Zeilleria* KIDSTON 1884

Zeilleria moravica (ETTINGSHAUSEN) BOUREAU

Taf. XV, Bilder 1—3

1865 *Trichomanites moravicum.* — ETTINGSHAUSEN, S. 77; Fig. 9; Taf. 6, Fig. 4.
1875 *Rhodea moravica.* — STUR, S. 38, Taf. 10, Fig. 3—7; Taf. 11, Fig. 1.
1914 *Zeilleria moravica.* — BOUREAU, S. 276; Taf. 18, Fig. 1—4.
1928 *Rhodea* ? aff. *lemayi.* — KRESTEW, S. 577; Taf. 39, Fig. 3.
1935 *Sphenopteris* aff. *sewardi.* — HARTUNG, S. 84; Taf. 10, Fig. 1, 2.

Material: Zahlreiche Exemplare.

Beschreibung: Wedel mindestens dreifach gefiedert. Achse vorletzter Ordnung 1,5 mm breit. Fiedern drittletzter Ordnung im unteren und mittleren Bereich lanzettlich, zur Spitze breit-dreieckig, bis 6 cm lang, in Basisnähe 2 cm breit. Achse letzter Ordnung 1 mm breit, gerade oder leicht gebogen, glatt, schwach zur Hauptachse geneigt. Fiedern vorletzter Ordnung alternierend, 5—6 mm lang, zur Hauptachse geneigt. Ihre Form hängt von ihrer Lage an der Achse ab, im unteren Teil länglich, hier auch am breitesten, zur Spitze zu breit-dreieckig bis rhombisch werdend, bis 15 mm lang. Fiederchen alternierend, bis 6 mm lang, am breitesten in der untersten Fiederteilung. In vier bis sechs lineare Segmente geteilt. Fiederchen im oberen Teil haben bisweilen nur ein Segment, linear und zugespitzt endend, selten auch schaufelförmig. Form und Größe der Segmente augenscheinlich von der Fläche der Fossilisation abhängig sowie von den Bedingungen vor der Fossilisation. Aderung einfach, mehr oder weniger deutlich.

An der Basis der Fiedern vorletzter Ordnung, ebenso bei manchen Fiedern drittletzter Ordnung beobachtet man bisweilen, daß die basale katadrome Fieder zu einem aphleboid tief zerlappten Blatt mit langen Segmenten umgewandelt ist. Einzeln erinnern solche Fiedern sehr stark an *Diplotmema patentissimum* STUR oder an *D. linearae* RENIER. Die Funde isolierter Fiedern von letztgenanntem Typ führten in biostratigraphischer Hinsicht zu bedeutenden Schwierigkeiten, bis die Bestimmung vollständiger Fundstücke möglich wurde.

Anmerkungen: Das erste im Svoge-Becken gefundene Exemplar von *Z. moravicum* wurde durch KRESTEW nicht richtig bestimmt. Später hat HARTUNG (1935, S. 87) vermutet — in Analogie zu KRESTEWS „*Callipteridium gothani*“ — daß es sich bei diesem Exemplar ebenfalls um einen oberkretazischen Farn handelt. Die sorgfältige Untersuchung des Exemplars von KRESTEW, das sich in der Sammlung der Universität Sofia befindet, hat zu seiner nunmehr richtigen Bestimmung geführt. Am gleichen Stück wurden auf der Rückseite noch *Sphenophyllum tenerrimum* ETT. und *Sphenopteris konjaroffi* HARTUNG nachgewiesen. Das Exemplar von KRESTEW stammt aus den Tsarichina-Schichten. Es ist durch eine Rutschfläche seitlich verzerrt.

Alle von HARTUNG als *Sphenopteris* aff. *sewardi* KIDSTON beschriebenen Exemplare unterscheiden sich durch die linearen Fiedersegmente deutlich von dieser Art. *Spenopteris sewardi* besitzt gezähnte Blättchen und keine linearen Segmente.

NĚMEJC (1943) stellt die von HARTUNG als *Sph.* aff. *sewardi* beschriebenen Exemplare zu *Crossotheca nyranensis* NJC. Verfasser kann dem nicht zustimmen, da die linearen Segmente bei HARTUNGS Exemplaren viel länger sind als bei *C. nyranensis.*

Fundorte: Tsarichina-Schichten — 8(?), 29, 33, 48, 57, 66, 70.

Zeilleria frenzli (Stur) Kidston

Taf. XVI, Bilder 1, 3

1883 *Calymmotheca frenzli.* — Stur, S. 172; Fig. 38.
1884 *Zeilleria frenzli.* — Kidston, S. 591.
1885 *Calymmotheca frenzli.* — Stur, S. 268; Taf. 37, Fig. 3; Textfig. 42.
1913 *Zeilleria frenzli.* — Gothan, S. 121; Taf. 8, Fig. 3; Taf. 28, Fig. 4.
1943 *Crossotheca nyranensis.* — Němejc, S. 144; Taf. 6, Fig. 3, 4.

Material: Mehrere relativ gut erhaltene Exemplare, oft fertil.

Beschreibung: Wedel mindestens dreifach gefiedert. Achse drittletzter Ordnung 2,5 mm breit. Fiedern drittletzter Ordnung verlängert-dreieckig, bis 5 cm lang, maximal 2,5 cm breit. Achse vorletzter Ordnung 1,5 mm breit, infolge der breit angewachsenen Fiederbasis vorletzter Ordnung leicht gebogen. Fiederchen bis 20 mm lang, an der Basis bis 8 mm breit, wechselständig, lanzettliche Form. Achse letzter Ordnung 0,5 mm breit, leicht gewellt. Fiederchen wechselständig, bis 6 mm lang. An einer Fieder vorletzter Ordnung bis zu zehn Fiederchen, an der Fiederbasis zumeist in drei oder vier lineare Segmente zerteilt, letztere bis 3 mm lang. Sie zeigen die für die meisten Artvertreter der Gattung typische „Vogelspur". Die zur Spitze zu kleiner werdenden Fiederchen teilen sich nur noch einmal, an der Fiederspitze sind sie ungeteilt. Aderung schlecht erhalten, man erkennt aber bis zur Spitze eines jeden Segments eine Ader.

Sporangienführende Exemplare in gutem Erhaltungszustand stammen von Fundstelle 49, wo sie mit sterilen Fiedern zusammen auftreten; wahrscheinlich gehören sie zu einem einzigen Individuum. Die sporangienführenden Stücke zeigen die gleichen Maße wie die sterilen. Die Sporangien selbst liegen an der Spitze der Segmente. Das Exemplar in Fundort 49 ist voll ausgereift, die Sporangien sind geöffnet. Daher liegen manche von ihnen quer und die vier Teile der Sori sind sternähnlich geöffnet. Hier haben die zahlreichen Sori den Bau der Pflanze verdeckt.

Anmerkungen: Im Museum Praha wurde das von Němejc als *Crossotheca nyranensis* Njc. bestimmte Material studiert. Diese Stücke gehören nach Meinung des Verfassers zu *Zeilleria frenzli*. Der Holotypus zu der Art von Němejc liegt nicht in Prag. Die Abbildung des Holotypus bei Němejc läßt nicht erkennen, ob der Sporangienbau der Gattung *Crossotheca* entspricht oder ob die Ähnlichkeit zu *Z. frenzli* so groß ist, daß beide Arten nicht unterschieden werden können. Unter diesen Voraussetzungen sollen die sterilen Blätter aus dem Svoge-Becken hier nicht zu einer hypothetischen sporenführenden Art gestellt werden.

Fundorte: Svidnya-Schichten — 49, 52, 71, 108;
Chibaovtsi-Schichten — 8 B.

Zeilleria baertlingi (Gothan) n. comb.

Taf. XVI, Bild 2

1929 *Rhodea bärtlingi.* — Gothan, S. 21; Taf. 14, Fig. 2, 2a.
1931 *Rhodea* sp. — Gothan, S. 56; Taf. 20, Fig. 2.

Material: Zwei Abdrücke und entsprechende Gegenabdrücke.

Beschreibung: Achse vorletzter Ordnung fein, glatt, mit feiner Ader. Fiedern vorletzter Ordnung wechselständig; berühren oder bedecken sich bis zu einem Drittel. Länge bis 20 mm bei 10 mm Basisbreite. Fiedern in drei oder vier wechselständige Fiederchenpaare aufgeteilt; terminales Fiederchen vorhanden. Untere Fiederchen von rhomboidaler oder umgekehrt dreieckiger Form; durch typisch ungleichmäßige Teilung in drei bis fünf nadelartige Segmente zerlegt. Letztes Fiederchenpaar und Spitzenfiederchen ungeteilt.

Beide Exemplare fertil, nach Form und Lage der Sporangien zum Typ *Zeilleria* gehörend. Sporangien kleine ovale Körperchen an den Spitzen der Segmente.

Anmerkungen: In der ehemaligen paläobotanischen Sammlung der Akademie der Wissenschaften der DDR (heute Paläontologisches Museum) befinden sich das Holotypus-Exemplar und das Exemplar von 1931. Einziger Unterschied zwischen ihnen ist, daß der Holotypus breitere Blattsegmente besitzt; er stammt aber aus feinkörnigeren Ablagerungen. Dazu sei betont, daß am unteren Teil des Holotypus aphlebische Blätter auftreten, die *Z. moravica* (Ett.) ähnlich sind (vgl. S. 48).

Fundort: Svidnya-Schichten — 71.

Gattung ***Sphenopteris*** Brongniart 1822

Sphenopteris cf. ***launoiti*** Stockmans & Willière

1952/1953 *Sphenopteris launoiti.* — Stockmans & Willière, S. 213; Taf. 45, Fig. 7, 7a.
1951 *Sphenopteris flexuosissima.* — Tenčov, S. 151; Taf. 3, Fig. 1.

Material: Ein schlecht erhaltenes Exemplar.

Beschreibung: Mit ihrer flexuosen Rhachis zeigt das Exemplar große Ähnlichkeit mit der belgischen Art. Fiederchen mit undeutlichen Umrissen und unklarer Aderung. Die allgemein schlechte Erhaltung erlaubt keine sichere Bestimmung.

Fundort: Tsarichina-Schichten — 34.

Sphenopteris konjaroffi (Hartung) n. comb.

Taf. XVI, Bilder 4—7

1935 *Diplotmema konjaroffi.* — Hartung, S. 86; Taf. 11, Fig. 18, 19.

Material: Zahlreiche Exemplare.

Beschreibung: Wedel mindestens vierfach gefiedert. Achse drittletzter Ordnung fast gerade, bis 3,5 mm breit, längsgerippt oder glatt. Achse vorletzter Ordnung leicht gebogen (flexuos), 2 mm breit, mit vertieften groben Längsrippen bedeckt. Achsen letzter Ordnung deutlich gebogen, etwa 1 mm breit, mit ein oder zwei groben Längsrippen. Das Umbiegen der Achsen verschiedener Ordnung tritt jeweils dort auf, wo die Achsen niederer Ordnung ansetzen.

Fiedern drittletzter Ordnung lang-dreieckig, oben zugespitzt. Bis 4 cm lang, an der Basis bis 2 cm breit. Fiederchen letzter Ordnung dreieckig bis lang-dreieckig. Bis 10 mm lang, bis 8 mm breit. Achsen letzter Ordnung mit drei, fünf oder sieben Fiederchen.

Fiederchen wechselständig aufgebaut, aus drei bis fünf völlig abgetrennten Segmenten bestehend, typisch sphenopteridisch angewachsen. Segmente kompliziert aus drei bis fünf keil- oder deltaförmigen Loben aufgebaut. Fiederchen in der Nähe der Primärrhachis besitzen rhombischen Umriß (Hartung 1935, Taf. 11, Fig. 18, 18A). Im mittleren Teil des Wedels etwas größer, asymmetrisch drei-, seltener fünfteilig, breitdreieckig.

Die stark ausgeprägte Biegung der Rhachis sowie die unterschiedlich starken Achsen verschiedener Ordnung geben der Pflanze ein *Diplotmema*-ähnliches Aussehen. Da die Stücke in seiner Typus-Sammlung nur kleine Fragmente waren, hat Hartung sie zur

Gattung *Diplotmema* gestellt. Die vollständigen Fundstücke des Verfassers zeigen aber, daß die Teilung der Hauptachse in ungleichwertige Äste, d. h. sphenopteridisch, erfolgt.

Anmerkungen: Fertil ist die Art unbekannt. Eine *Sph. konjaroffi*-ähnliche, stark gebogene Achse wurde im Namur A von Belgien gefunden. Sie zeigt Sporangien vom Typ *Lontzenia* STOCKM. & WILL.

Ein Exemplar aus HARTUNGS Typus-Sammlung befindet sich in der Sammlung der Universität Sofia unter der Nr. 129.

Fundorte: Tsarichina-Schichten — 9, 95, 98, 103, 106.

Sphenopteris laurenti ANDRAE

1869 *Sphenopteris laurenti.* — ANDRAE, S. 39; Taf. 13, Fig. 1—3.
1943 *Sphenopteris laurenti.* — NĚMEJC, S. 144; Taf. 6, Fig. 5, 6.

Beschreibung: NĚMEJC hat etliche kleine, aber gut erhaltene Exemplare in den Svoge-Schichten (Fundstelle 6) gefunden. Sie befinden sich im Museum Praha, wo Verfasser sie studierte. Die Stücke sind zum Abbilden ungeeignet, wie man schon an den Tafeln bei NĚMEJC sehen kann. Fiederchen drei-, fünf- oder siebenteilig, mit abgerundeten Loben und im Vergleich zu *Renaultia rotundifolia* längerem Umriß. Bei letztgenannter Art ist die Achse flexuos, während sie bei *Sph. laurenti* gerade ist.

Sphenopteris aff. **_quadriloba_** KIDSTON

1935 *Sphenopteris* aff. *quadriloba.* — HARTUNG, S. 81; Taf. 10, Fig. 3, 4.

In der Sammlung des Paläontologischen Museums Berlin befinden sich drei Exemplare, die als obige Art bestimmt wurden. NĚMEJC (1943, S. 144) vertritt die Meinung, daß es sich um deformierte Exemplare von *Sphenopteris laurenti* handelt. Die Abbildung bei HARTUNG gibt keine klare Vorstellung von dem Stück. Die Fiederchen sind höchstens dreiteilig, demzufolge es sich nicht um die Art von KIDSTON handeln kann. So scheint die Meinung von NĚMEJC richtig zu sein. Verfasser möchte auf Grund des schlechten Erhaltungszustands die Stücke nur als zu einer unbestimmbaren *Sphenopteris* gehörend betrachten.

Sphenopteris sp.

1952/1953 *Sphenopteris adiantoides.* — STOCKMANS & WILLIÈRE, S. 283; Taf. 3, Fig. 2, 2a, 2b; Taf. 21, Fig. 1, 1a.

Zwei an der Fundstelle 100 der Tsarichina-Schichten gefundene Fragmente erinnern an die bei STOCKMANS & WILLIÈRE (1952/1953, Taf. 3, Fig. 2) gegebene Art, doch ähneln diese Stücke wenig der Art von SCHLOTHEIM, da ihre Fiederchen zu klein und die Loben zu stark abgerundet sind, um mit dieser Art übereinzustimmen. Das von SPASSOV & REMY (1959) als *S. adiantoides* SCHLOTHEIM bestimmte Exemplar liegt in der Sammlung der Universität Sofia. Es unterscheidet sich von dem hier beschriebenen Exemplar, gehört aber auch nicht zur Art von SCHLOTHEIM. Das Stück ist für eine zuverlässige Bestimmung ungeeignet, da es stark deformiert ist.

Sphenopteris sp.

Taf. XVII, Bild 1

Auf der Fundstelle 119 der Tsarichina-Schichten wurde ein *Sphenopteris*-Exemplar gefunden, dessen Fiedern infolge tektonischer Beanspruchung leicht glänzen. Fiederchen

10—12 mm lang, 6 mm breit, vertikal zur Achse stehend vier oder fünf Paar abgerundete Loben zeigend, von denen jede nochmals dreigeteilt ist. Spitze abgerundet. Aderung mehrmals geteilt, aber schlecht erkennbar. Bei diesem Erhaltungszustand ist das Exemplar nicht sicher bestimmbar, ähnelt aber auch keiner der im Svoge-Becken gefundenen Arten.

Ordnung Pecopteridales

Familie Megaphytinaceae

Die Gattung *Pecopteris* BRONGNIART wird zur Familie der Megaphytinaceae gestellt und nach ihrem Sporangientyp geteilt.

Gattung ***Pecopteris*** BRONGNIART 1828

Pecopteris (***Senftenbergia***) ***aspera*** BRONGNIART

Taf. XVII, Bilder 3, 4

1828 *Pecopteris aspera.* — BRONGNIART, S. 339; Taf. 120, Fig. 1—4.
1877 *Senftenbergia aspera.* — STUR, S. 299; Fig. 10, 10a; Taf. 28.
1935 *Lyginopteris stangeri.* — HARTUNG, S. 85; Taf. 11, Fig. 21—25.
1961 *Dactylotheca aspera.* — TENČOV, S. 149; Taf. 1, Fig. 1.
1961 *Pecopteris schwerini.* — TENČOV, S. 150; Taf. 1, Fig. 3.

Material: Mehr als 50 Exemplare.

Beschreibung: Vorherrschend sind Wedelfragmente vorletzter Ordnung oder einzelne primäre Achsen mit den typischen punktförmigen Haarspuren. Liegen die Funde als Fragmente vor, ist es schwierig, die Variationsbreite der Fiederformen zu bestimmen.

In sandigen Ablagerungen und in Sandsteinen trifft man Wedelfragmente mit breitdreieckigen Fiederchen, die relativ getrennt liegen. Fiederchen selbst drei- bis fünfmal undeutlich geteilt. Solche Exemplare stellt HARTUNG (Taf. 11, Fig. 22, 23) zu *Lyginopteris stangeri* STUR. STOCKMANS & WILLIÈRE (1955, S. 23) bezeichnen sie als „*P. aspera*?“. Wahrscheinlich sind es Teile junger Exemplare, aber auch erwachsener Individuen, die vor der Fossilisation austrockneten, so daß die äußeren Teile der Blattloben auf der Abdruckfläche nicht erhalten blieben.

Für die Art typisch entwickelte Formen mit ausgesprochen gut erkennbaren zwei oder drei abgerundeten Lobenpaaren an den Fiederchenrändern und mit abgerundeter Spitze sind aus den Argilliten bekannt, die über den Kohlenflözen liegen. An einem Stück ist die verzweigte Achse erster Ordnung erhalten, mit dem für die Art typischen aphleboiden Basisfieder. Leider ist das Stück zum Fotografieren ungeeignet.

Anmerkungen: Die von TENČOV als *P. schwerini* STUR beschriebenen Exemplare stammen wahrscheinlich vom basalen Teil eines Individuums mit großen Blättern. Die breitgebuchteten (drei- bis fünfmal) Blattränder sind fast bis zur Mittelader eingetieft. Die Spitze ist stumpf. In ihren Maßen übertrifft sie alle bisher bekannten Stücke von *P.* (*S.*) *aspera* und nähert sich damit *L. stangeri* (STUR). Die Aderung ist jedoch für *P.* (*S.*) *aspera* typisch.

Fundorte: Tsarichina-Schichten — 9, 26, 28, 34, 40, 95, 97, 100;
Berovdol-Schichten — 12 (cf.), 24 (cf.).

Pecopteris plumosa-dentata (ARTIS) BRONGNIART

Taf. XVII, Bilder 2, 5, 7

1825 *Filicites plumosus.* — ARTIS, S. 17; Taf. 17.
1832 *Pecopteris plumosa.* — BRONGNIART, S. 348; Taf. 121, Fig. 1, 2; Taf. 122, Fig. 1—4.
1832 *Pecopteris dentata.* — BRONGNIART, S. 346; Taf. 123.
1885 *Senftenbergia plumosa.* — STUR, S. 92; Taf. 41, Fig. 1—3.
1935 *Dactylotheca (Pecopteris) plumosa.* — HARTUNG, S. 83; Taf. 12, Fig. 42, 42a.
1943 *Dactylotheca plumosa.* — NĚMEJC, S. 145; Taf. 6, Fig. 7.
1951 *Pecopteris (Senftenbergia) plumosa-dentata.* — CORSIN, S. 199; Taf. 112—118.
1961 *Dactylotheca plumosa.* — TENČOV, S. 149; Taf. 1, Fig. 2, 2a.

Material: Mehr als zehn Exemplare.

Beschreibung: Rhachis bis 8 mm breit, bedeckt mit punktförmigen Haarnarben. Wedel mindestens dreifach gefiedert. Fiedern drittletzter Ordnung breit-lanzettlich. Wo sie von der Rhachis abzweigen, steht eine aphleboide Fieder, deren Endteile zugespitzte Segmente darstellen. Fiedern drittletzter Ordnung 22 cm, die vorletzter Ordnung 6 cm lang. Fiedern vorletzter Ordnung mit zahlreichen Fiederchen wechselständig, geneigt, typisch pecopteridisch an der Fiederachse angewachsen. Fiederchen in Abhängigkeit von ihrer Lage zur Achse in Form und Größe variierend. Länge 3—4 mm, an der Basis 2 mm breit. Gipfel zugespitzt, Fiederchenrand gezähnt. Erstes Fiederchen im unteren Abschnitt jeder Fieder mit typischer Form. Es ist kleiner als die anderen und mit deutlichem aufgewölbtem unterem Basisrand. Oberstes Fiederchen dagegen das längste der entsprechenden Fieder. Mittelader zur Basis herablaufend, bis in die Fiederchenspitze reichend. Seitenadern der kurzen Fiederchen unverzweigt, manchmal ist das untere Paar verzweigt, auf der Oberseite dagegen einfach.

Aus dem Karbon von Svoge sind fertile Exemplare der Art bekannt, ihr Erhaltungszustand aber schlecht.

Auf Grund der variierenden Blattformen unterscheidet man innerhalb der Art verschiedene formae. Im Svoge-Becken sind forma *typica* und forma *crenata* im Sinne von CORSIN vertreten. Diese beiden Formen zeigen in der Vertikalen keine Abzweigungen. Sie sind ohne biostratigraphische Bedeutung.

Fundorte: Tsarichina-Schichten — 26, 34;
Svidnya-Schichten — 20, 49, 52, 69, 77, 91, 99, 107;
Berovdol-Schichten — 61;
Chibaovtsi-Schichten — 8B, 8C, 35, 46.

Pecopteris (Senftenbergia) cf. *pennaeformis* BRONGNIART

1822 *Filicites (Pecopteris) pennaeformis.* — BRONGNIART, S. 233; Taf. 2, Fig. 3.
1835 *Pecopteris pennaeformis.* — BRONGNIART, S. 345; Taf. 118, Fig. 3, 4.
1961 *Pecopteris (Senftenbergia) pennaeformis.* — CORSIN, S. 212; Taf. 114—121.

Drei Gesteinsstücke mit dicht beieinander liegenden, sich kreuzenden Fiedern. Soweit zu erkennen ist, besitzen die einzelnen Fiederchen gebuchtete Ränder und stark verzweigte Aderung, wodurch sie *P. pennaeformis* sehr ähnlich sind. Das Fehlen deutlich erhaltener ganzer Fiedern vorletzter Ordnung läßt bezweifeln, daß diese bisher ausschließlich aus dem Westfal nachgewiesene Art im Svoge-Becken vertreten ist.

Fundort: Berovdol-Schichten — 54.

Pecopteris (? Senftenbergia) raripenna n. sp.

Taf. XVII, Bild 6; Taf. XVIII, Bilder 1, 6; Taf. XIX, Bild 1

Material: Mehr als zehn Exemplare.

Beschreibung: Wedel mindestens dreifach gefiedert. Achse drittletzter Ordnung 2 mm, vorletzter Ordnung 1,5 mm, letzter Ordnung 1 mm breit. Oberfläche der Achsen aller Ordnungen mit punktförmigen Haarnarben bedeckt.

Fiedern drittletzter Ordnung lang-dreieckig, zur Spitze schmaler werdend, mehr als 12 cm lang. Fiedern vorletzter Ordnung wechselständig, vertikal oder fast vertikal an der sie tragenden Achse angeordnet. Bis 6 cm lang, bis 18 mm breit. Fiedern von der Achse abstehend, so daß die benachbarten Fiedern sich in ihren unteren Teilen überdecken. Auf einer Fieder oft mehr als 20 Fiederchenpaare. Fiederchen in Form und Größe in Abhängigkeit von ihrer Lage auf der Achse verschieden. Größte Länge 10 mm bei 2 mm Breite in Basisnähe. Die Fiederchen am unteren und mittleren Teil der Achsen sechs oder siebenmal buchtig-eckig zerlappt. Einbuchtungen etwa 1 mm groß, Endblättchen zugespitzt. Eintiefungen U-förmig, fast bis zur Mittelader reichend. Obere Fiederchen lang-dreieckig, wenig eingebuchtet. Fiederbasis deutlich eingebuchtet, so daß die Fiederchen nicht mit ihrer ganzen Breite an der Achse anwachsen. Die einzelnen Fiederchen weitständig, oft in einem Abstand, der ihrer Breite entspricht. Fast vertikal auf der sie tragenden Rhachis sitzend.

Aderung deutlich, mit dicker Mittelader bis zur Spitze mit Seitenadern in jeder Einbuchtung. Diese verzweigen sich dreimal, deren jede teilt sich noch zweimal und erreicht so den Blattrand.

Es wurden fertile Exemplare gefunden, die im Detail schlecht erhalten sind. Die Sporangien sitzen an der Mittelader, weshalb sie mit ? zum *Senftenbergia*-Typ gestellt werden.

An der Fundstelle 73 mit Massenanhäufung nur dieser neuen Art fand sich ein isoliertes Aphlebienblatt, 2,8 cm lang, 1,8 cm breit, geteilt in sieben gleiche Einbuchtungen, die Spitze abgerundet, die teilenden Einschnitte spitz. Auf dem Blatt selbst zahlreiche Adern. Ein der Form nach ähnliches Aphlebienblatt ist bis jetzt nicht bekannt und so wird dieser Fund zur Art gestellt.

Pecopteris (? *Senftenbergia*) *raripenna* ähnelt auf Grund der senkrecht zu den Achsen stehenden Wedel und Fiederchen *P. pennaeformis* Brgt. Bei letzterer Art sind aber die Fiederchen niemals tief eingebuchtet. Von den gebuchteten Fiedern der *P. aspera* Brgt. unterscheiden sich *P.* (? *S.*) *raripenna* durch ihre Maße und durch die abgerundeten Randvertiefungen. Ein grundsätzlicher Unterschied zu allen Vertretern der Gattung sind die lockerstehenden Fiederchen.

Holotypus: Bulgarische Akademie der Wissenschaften, Geologisches Institut, Sammlungs-Nr. 1319; Taf. XIX, Bild 1.

Stratum typicum: Berovdol-Schichten (Westfal B).

Locus typicus: 73.

Vertikale Verbreitung im Typus-Gebiet: Westfal A—C.

Fundorte: Svoge-Schichten — 72;
Berovdol-Schichten — 73;
Chibaovtsi-Schichten — 104.

Abteilung Spermophyta

Klasse Gymnospermophyta

Unterklasse Pteridospermidae

Ordnung Pteridospermales

Familie Lyginopteridaceae

Gattung ***Lyginopteris*** Potonié 1899

Hartung (1935) erwähnt erstmals einen Vertreter der Gattung — *Lyginopteris stangeri* Stur — von der Fundstelle 9 der Tsarichina-Schichten. Diese seine Bestimmung wurde von Němejc (1943) nicht bestritten, aber Stockmans & Willière (1952, S. 23) bezweifeln die Richtigkeit der Angaben. Die Frage wurde bei *Pecopteris aspera* Brgt. S. 52 diskutiert. Bei der Beschreibung von *Corynepteris sternbergi* (Tenčov 1962) aus der Sammlung der Universität Sofia, als *Lyginopteris hoeninghausi* bezeichnet, wurde die Meinung von Gothan vertreten, daß die Vertreter dieser Gruppe für paralische Bedingungen, zumindest aber für Bedingungen einer Meeresküste, bezeichnend seien. Eingehende Untersuchungen führten zu dem sicheren Schluß, daß Vertreter dieser Gattung in den Ablagerungen des Svoge-Karbons fehlen. Da die Sedimentationsverhältnisse im Becken geklärt sind, vertritt Verfasser die Ansicht, daß sie auch nicht zu finden sein werden, ebenso wenig wie die Vertreter der Gattung *Lonchopteris* Brgt., da sie an paralische Lebensbedingungen angepaßt sind.

Familie Alethopteridaceae

Gattung ***Alethopteris*** Sternberg 1826

Alethopteris lonchitica (Schlotheim) Sternberg

Taf. XVIII, Bild 5

1804 *Polypodium* vel *Lonchytis.* — Schlotheim, S. 55; Taf. 11, Fig. 22.
1826 *Alethopteris lonchitidis.* — Sternberg, S. 21.
1886/1888 *Alethopteris lonchitica.* — Zeiller, S. 225; Taf. 31, Fig. 1.
1961 *Alethopteris lonchitica.* — Buisine, S. 99; Taf. 13—20; Textfig. 9.

Material: Wenige Stücke.

Beschreibung: Fiederchen wechselständig, einzeln stehend, lineal-lanzettlich, zur sie tragenden Achse geneigt. Länge 12—15 mm, maximale Breite 3—4 mm. Nach oben schmaler werdend mit leicht zugespitzter Spitze endend. Obere basale Fiederchenhälfte deutlich zur Achse geneigt, untere basale Fiederchenhälfte stark herablaufend. Vom nächstfolgenden Fiederchen durch eine deutliche Eintiefung getrennt, die von nahe der einen bis zur nächsten Mittelader reicht. Mittelader dick, bis zur Fiederchenspitze reichend. Seitenadern zahlreich, unter spitzem Winkel von der Mittelader abzweigend, biegen sich rasch um und stoßen fast senkrecht auf den Fiederchenrand. Ein Teil der Seitenadern ist einfach, andere spalten sich in der Nähe der Mittelader ein- oder zweimal. Dabei bleibt der untere Ast gerade, der obere beschreibt einen Bogen und läuft dem unteren bald parallel. Die Abtrennung eines dritten Astes erfolgt auf ähnliche Weise.

Nebenadern beobachtet man im herablaufenden Teil der Fiederchen; sie treten deutlich direkt aus der Hauptachse heraus.

Die Asymmetrie der Fiedern, die bei den Exemplaren aus Svoge sehr auffallend ist, stellt das grundsätzliche Unterscheidungsmerkmal zur nächststehenden Art — *A. serli* BRGT. — dar.

Fundort: Svidnya-Schichten — 94.

Alethopteris decurrens (ARTIS) ZEILLER

Taf. XIX, Bild 6

1825 *Filicites decurrens.* — ARTIS, Taf. 21.
1886/1888 *Alethopteris decurrens.* — ZEILLER, S. 221; Taf. 34, Fig. 2, 3; Taf. 35, Fig. 1; Taf. 36, Fig. 3, 4.
1961 *Alethopteris decurrens.* — BUISINE, S. 155; Taf. 41—44, Textfig. 14.

Material: Einige Wedelfragmente.

Beschreibung: Fiederchen zur Achse geneigt, wechselständig; Abstand zwischen den einzelnen Fiederchen größer als ihre Breite. Fiederchen sind leicht oder stärker gebogen. Länge 7—10 mm, Breite an der Basis etwa 2,5 mm. Fiederchen linealisch mit stumpfer Spitze. Die obere Fiederchenhälfte an der Basis leicht verengt, untere Hälfte fast parallel zur Achse herablaufend, bis zum nächsten Fiederchen reichend. Einkerbung nahezu rechtwinklig, mit zugespitztem Ende. Mittelader deutlich, dick, bis dicht an die Fiederchenspitze reichend. Seitenadern nahezu senkrecht zur Mittelader. Einfach oder unter offenem Winkel sich spaltend, rechtwinklig am Fiederchenrand endend. Nebenadern am herablaufenden Fiederchenteil, dabei deutlich von der Hauptachse ausgehend.

Fundort: Svidnya-Schichten — 94.

Alethopteris pecopteroides n. sp.

Taf. XVIII, Bilder 2—4; Taf. XIX, Bilder 4, 5

Material: Etwa zwanzig Exemplare.

Beschreibung: Wedel mindestens dreifach gefiedert. Achse vorletzter Ordnung flach, gerade, 1 cm breit, ungleichmäßig dichotom geteilt. Achse letzter Ordnung 2 mm breit, mit feiner Längsrippung. Grundform der Wedel dreieckig mit abgerundeter oder stumpfer Spitze.

Fiedern vorletzter und drittletzter Ordnung langlanzettlich; sie stehen senkrecht oder leicht geneigt auf der sie tragenden Achse, mit einer langen, fast geraden Spitze endend. Länge 2,5 cm, Breite an der Basis bis 8 mm.

Fiederchen senkrecht oder leicht geneigt auf der sie tragenden Achse. Unterer Fiederchenrand gewellt, manchmal lang herablaufend. Oberer Fiederchenrand gerade. Im oberen Wedelabschnitt liegen die Fiederchen dicht beieinander, im mittleren und unteren Teil fast getrennt; damit erinnern sie etwas an *Pecopteris*. Fiederchen dreieckig mit abgerundeter oder stumpfer Spitze, 4—6 mm lang, 2,5—3 mm breit. In den oberen Wedelabschnitten liegen einmal gefiederte Fiederchen mit stumpf-dreieckigen, breit zusammengewachsenen Fiederchen.

Mittelader fein, leicht gewellt, bis zur Fiederchenspitze reichend. Seitenadern dünn, von der Mittelader unter spitzem Winkel abgehend, leicht gebogen, den Fiederchenrand unter spitzem Winkel erreichend. Sie verzweigen sich einmal nahe der Mittelader, manchmal nochmals in Fiederchenrandnähe. Seitenadern leicht gebogen, getrennt liegend, vier oder fünf auf einer Fiederchenseite. Nebenadern am herablaufenden Teil des Fiederchens sich einmal verzweigend.

Alethopteris pecopteroides zeigt nur wenig Ähnlichkeit mit den anderen bekannten Arten der Gattung aus dem Namur. Von *A. obesa* PURKINOVÁ unterscheidet sie sich durch die spitz-dreieckigen Fiederchen. *Alethopteris willieri* PURKINOVÁ besitzt pecopteridische Fiederchen und Aderung. Die einmal gefiederten Wedel von *A. pecopteroides* erinnern an *A. parva* POT., aber die Randbögen sind bei letzterer Art geneigt, während sie bei *A. pecopteroides* gerade sind. *Alethopteris tectensis* STOCKM. &. WILL. hat lang herablaufende Fiederchen.

Holotypus: Bulgarische Akademie der Wissenschaften, Geologisches Institut, Sammlungs-Nr. 2249; Taf. XIX, Bild 5.

Stratum typicum: Tsarichina-Schichten (Namur A).

Locus typicus: 26.

Fundort: Tsarichina-Schichten — 26.

Alethopteris hartungi n. sp.

Taf. XIX, Bild 3; Taf. XX, Bild 2

Material: Mehrere Exemplare.

Beschreibung: Wedel mindestens dreifach gefiedert. Achse vorletzter Ordnung 9 mm breit, ungleichmäßig dichotom geteilt. Achse letzter Ordnung 4 mm breit. Achsen von sehr feinen Längsfurchen bedeckt. Fiedern vorletzter Ordnung senkrecht zur Achse, fast entgegengestellt, lanzettlich, sich gegenseitig schwach bedeckend. Länge mehr als 3 cm, Breite etwa 12 mm.

Fiederchen fast senkrecht zur Achse, vollkommen isoliert stehend. Untere Fiederchenhälfte mehr oder weniger herablaufend, obere Hälfte gerade oder an der Basis leicht gebogen. Fiederchen meist dreimal länger als breit (Länge 7—12 mm, Breite 2,5—4 mm). Mittelader 0,5 mm, gerade, bis zur Fiederchenspitze gehend. Seitenadern fein, aber weder dünn noch dicht, treten unter spitzem Winkel aus der Mittelader heraus, leicht gebogen, zum Fiederchenrand geneigt. Erste Verzweigungen in der Nähe der Mittelader, die zweite etwa in der Mitte zwischen Mittelader und Fiederchenrand. Auf 1 cm des Fiederchenrands 30—35 Seitenadern. Nebenadern des herablaufenden Teils verzweigen sich einmal.

Samenanlagen: Im locus typicus wurden zusammen mit Exemplaren von *A. hartungi* — allerdings nicht in organischem Zusammenhang mit ihnen — zahlreiche Samen von *Tetragonocarpus ovatus* n. sp. gefunden. Möglicherweise gehören sie zur beschriebenen Art.

Mit ihrer spezifischen Aderung ist *A. hartungi* leicht von den übrigen Vertretern der Gattung, die in Namur A verbreitet sind, zu unterscheiden.

Holotypus: Bulgarische Akademie der Wissenschaften, Geologisches Institut, Sammlungs-Nr. 2186; Taf. XX, Bild 2.

Stratum typicum: Tsarichina-Schichten (Namur A).

Locus typicus: 26.

Fundort: Tsarichina-Schichten — 26.

Alethopteris klimenti n. sp.

Taf. XIX, Bild 2; Taf. XX, Bilder 1, 1a

Material: Vier Exemplare.

Beschreibung: Wedel mindestens zweifach gefiedert. Achse vorletzter Ordnung 3 mm, letzter Ordnung 0,6 mm breit. Beide sind längs gerippt. Fiedern leicht zur Hauptachse geneigt, nahezu gegenständig, von lanzettlicher Form. Länge mehr als 3,5 cm, Breite etwa 1,5 cm.

Fiederchen leicht zur Spitze geneigt, völlig voneinander isoliert. Untere Fiederchenhälfte leicht herablaufend, obere schwach abgebogen. Seiten der Fiederchen parallel, Spitze abgerundet. Länge 7 mm, Breite 3,5 mm, d. h. doppelt so lang wie breit.

Mittelader dünn, aufgewölbt, die Fiederchenspitze erreichend. Seitenadern fein und dicht. Von der Mittelader unter spitzem Winkel heraustretend und sich biegend. Die untere Fiederchenhälfte wird unter spitzem, die obere unter einem mehr offenen Winkel erreicht. Seitenadern verzweigen sich zwei- oder dreimal: das erste Mal in der Nähe der Mittelader, das zweite Mal im ersten Drittel ihrer Länge und zum letzten Mal anfangs des äußeren Drittels ihrer Länge. Auf 1 cm Fiederchenrand bis zu 40 Seitenadern. Nebenadern im herablaufenden Teil der Fiederchen.

Alethopteris klimenti ist leicht von den anderen Vertretern der Gattung im Namur zu unterscheiden.

Holotypus: Bulgarische Akademie der Wissenschaften, Geologisches Institut, Sammlungs-Nr. 2197; Taf. XIX, Bild 2.

Stratum typicum: Tsarichina-Schichten (Namur A).

Locus typicus: 26.

Derivatio nominis: Zu Ehren von KLIMENT OCHRIDSKI — dem Gründer der ersten bulgarischen Schule (887).

Fundort: Tsarichina-Schichten — 26.

Familie Neuropteridaceae

Unterfamilie Imparipinatoideae

Gattung ***Neuropteris*** BRONGNIART 1822, emend.

Neuropteris heterophylla (BRONGNIART) BRONGNIART

Taf. XX, Bilder 6, 6a

1822 *Filicites* (*Neuropteris*) *heterophylla.* — BRONGNIART, S. 33, 239; Taf. 2, Fig. 6a, 6b.
1830 *Neuropteris heterophylla.* — BRONGNIART, S. 243; Taf. 71.

Material: Ein Exemplar.

Beschreibung: Es liegt der mittlere Teil eines Wedels vor; Fiederchen wechselständig, sie berühren oder überdecken sich leicht. Länge etwa 1 cm, rund 6 mm breit. Fiederchenränder parallel, Spitze abgerundet bis abgestumpft. Fiederchenbasis manchmal herzförmig eingebuchtet, vorherrschend scheint aber eine gerade Basis zu sein. Mittelader auf zwei Dritteln der Fiederchenlänge sichtbar. Seitenadern unter spitzem Winkel von der Mittelader abzweigend, verlaufen dann leicht gebogen und erreichen den Fiederrand geneigt.

Fundort: Chibaovtsi-Schichten — 46.

Neuropteris schlehani STUR

Taf. XX, Bilder 5, 5a; Taf. XXIII, Bild 2

1877 *Neuropteris schlehani.* — STUR, S. 289; Taf. 27, Fig. 7, 8.
1928 *Neuropteris schlehani.* — KRESTEW, S. 566.
1935 *Neuropteris schlehani.* — HARTUNG, S. 89; Taf. 14, Fig. 61.
1943 *Neuropteris schlehani.* — NĚMEJC, S. 147; Taf. 5, Fig. 4, 5.
1962 *Neuropteris schlehani.* — TENČOV, S. 75; Taf. 1, Fig. 2—4.

Material: Über 100 Exemplare.

Beschreibung: Es stehen vorwiegend einzelne Fiederchen oder Fiederchen vorletzter Ordnung, nur zwei Funde von Wedeln drittletzter Ordnung des Wedelgipfels zur Verfügung. Fiedern vorletzter Ordnung im Wedelgipfel lanzettlich bis lang-dreieckig, wechselständig, nach oben gebogen.

Fiederchen 5—12 mm lang, Endfiederchen (einfache Fiedern vorletzter Ordnung) bis 20 mm. Fiederchenbreite 2—4 mm. Vorherrschend sind Formen mit geraden, parallelen Rändern, manche Fiederchen sind schwach dreieckig. Spitze breit abgerundet; im Svoge-Becken wurde bisher kein zugespitztes Ende gefunden. Basis bei allen Fiederchen, unabhängig von ihrer Position an der Fiederachse, herzförmig eingebuchtet. Endfiederchen meist länger und breiter, nur bei einem Fundstück ist es kürzer und zugleich ungewöhnlich breit.

Aderung immer deutlich. Mittelader dick, fast bis zur Fiederchenspitze reichend. Seitenadern unter sehr spitzem Winkel dicht von der Mittelader abzweigend, stark gebogen. Untere Seitenader gerade, obere gebogen. Eine weitere Verzweigung etwa in Adermitte, diese neuen Zweige verlaufen nahezu gerade und erreichen den Fiederchenrand unter fast rechtem Winkel. Auf 1 cm Fiederchenrand bis zu 45 Seitenadern.

Fundorte: Svidnya-Schichten — 18, 49, 58, 71, 77, 80, 94, 107, 108;
Svoge-Schichten — 1, 4, 5, 36, 37.

Neuropteris rectinervis KIDSTON f. *obtusa* n. forma

Taf. XX, Bilder 3, 4

1888 *Neuropteris rectinervis.* — KIDSTON, S. 314; Fig. 2—4.

Material: Einzelne Fiederchen und Fiederfragmente vorletzter Ordnung.

Beschreibung: Fiederchen wechselständig, lanzettlich mit herzförmig eingezogener Basis. Bis 15 mm lang, 3—6 mm breit. Seitenränder parallel, Spitze abgerundet. Mittelader dick, fast bis zur Spitze reichend. Seitenadern zahlreich, im unteren Fiederchenteil unter spitzem Winkel von der Mittelader abzweigend, in einem engen Bogen verlaufend, so daß sie senkrecht zur Mittelader und zum Fiederchenrand stehen. Seitenadern im mittleren und oberen Fiederchenabschnitt fast senkrecht aus der Mittelader heraustretend. Erste Teilung dicht an der Mittelader, zweite Teilung ohne exakt bestimmbare Verzweigungsstelle. Manchmal in der Nähe des Fiederchenrands eine dritte Teilung. Seitenadern liegen sehr dicht nebeneinander, auf 1 cm Fiederchenrand etwa 50—70 Adern. An einer ausgezeichnet erhaltenen aufgewölbten Fieder treten die Seitenadern tiefer als bisher bekannt heraus; unter sehr spitzem Winkel aus der Mittelader heraustretend verzweigen sie sich weiter. Offensichtlich war das Fiederchenprofil in der Mitte erhöht und bei flacher Einbettung wird die erste Verzweigung infolge Zusammenpressung des Fiederchens in seinem mittleren Teil deutlicher ausgeprägt. So bedeckt die herzförmige Basis zugleich den Fiederchenstiel. Dieselbe Erscheinung könnte auch bei den Fiederchen von *N. schlehani* STUR vorkommen.

Diese neue Form von *N. rectinervis* unterscheidet sich durch die abgerundete Spitze von der Nominat-Art.

Fundorte: Svidnya-Schichten — 49, 107.

Neuropteris schlehanoides STOCKMANS & WILLIÈRE

Taf. XXI, Bild 1

1952/1953 *Neuropteris schlehanoides.* — STOCKMANS & WILLIÈRE, S. 233; Taf. 31, Fig. 3, 7; Taf. 36, Fig. 2.
1957 *Neuropteris schlehanoides.* — LEGGEWIE & SCHONEFELD, S. 15; Taf. 9, Fig. 1—3.

Material: Zwei Exemplare.

Beschreibung: Von den zahlreich in den Svidnya-Schichten gefundenen Neuropteriden ähneln nur zwei Stücke *Neuropteris schlehanoides.*

Fiederchen wechselständig, isoliert, deutliche Aderung. Länge bis 15 mm, Breite etwa 3 mm. Basis herzförmig, Fiederchenränder leicht zur abgerundeten Spitze konvergierend. Seitenadern sehr fein aber doch deutlich, sich dicht an der Mittelader verzweigend, manchmal auch ein zweites Mal. Leicht gebogen etwas nach vorn geneigt.

Neuropteris schlehanoides läßt sich von den anderen Vertretern der Gattung leicht unterscheiden. Etwas schwieriger ist ihre Abtrennung von *Alethopteris decurrens* ARTIS, da Aderung und der gesamte Habitus bei beiden Arten sehr ähnlich sind. Doch hat *N. schlehanoides* neuropteridisch angeheftete Fiederchen und die Adern verzweigen sich unter einem spitzeren Winkel.

Fundorte: Svidnya-Schichten — 18, 58, 71 (cf.).

Neuropteris lata n. sp.

Taf. XXI, Bilder 2, 3

Material: Etwa 10 Exemplare.

Beschreibung: Es liegen einzelne Fiederchen oder Fiederteile vorletzter Ordnung vor. Fiederchen 20—30 mm lang, 8—10 mm breit. Zungenartig gebogen, mit stark abgestumpfter bis abgerundeter Spitze und herzförmig eingezogener Basis. Fiederchenränder schwach aufgewölbt. Mittelader reicht fast bis zur Spitze. Seitenadern relativ dick und dicht. Von der Mittelader unter stumpfem Winkel abgehend und mit flachem Bogen senkrecht zu dieser und dem Fiederchenrand verlaufend. Auf der oberen Fiederchenhälfte sind die Adern vom Fiederchenrand wieder zur Basis zurückgerichtet. Sie verzweigen sich einmal nahe der Mittelader, manchmal auch nochmals in unterschiedlicher Höhe. Die einzelnen Adern bleiben parallel. Auf 1 cm Fiederchenrand 35—40 Endverzweigungen.

Ähnliche Vertreter aus den anderen Arten der Gattung sind nicht bekannt. Mit ihrer geraden Aderung erinnert *N. lata* an *N. rectinervis*, aber auf Grund ihrer unterschiedlichen Größe sind beide Arten nicht miteinander vergleichbar.

Holotypus: Bulgarische Akademie der Wissenschaften, Geologisches Institut, Sammlungs-Nr. 1446; Taf. XXI, Bild 2.

Stratum typicum: Svidnya-Schichten (Namur C).

Locus typicus: 80.

Fundorte: Svidnya-Schichten — 71, 77, 80, 94, 107.

Neuropteris longifolia n. sp.

Taf. XXI, Bilder 4—7, 9

Material: Etwa 20 Exemplare.

Beschreibung: Es handelt sich vorwiegend um Fragmente von Fiedern vorletzter Ordnung.

Fiederchen wechselständig, getrennt voneinander liegend. Fiederchenränder parallel, Spitze stumpf-zugespitzt, Basis herzförmig, 30—40 mm lang, 3—4 mm breit, d. h., ihre Länge ist zehnmal so groß wie die Breite. Mittelader reicht fast bis zur Spitze. Seitenadern treten unter spitzem Winkel aus der Mittelader heraus; leicht gebogen, erreichen den Fiederchenrand unter verschiedenem Winkel. In Basisnähe ist es ein rechter Winkel, zur Spitze zu wird er immer spitzer. Seitenadern verzweigen sich zum ersten Mal etwa auf der Hälfte, zum zweiten Mal im ersten Drittel ihrer Länge; ein Teil der Äderchen teilt sich nochmals im letzten Drittel ihrer Länge. Adern nicht sehr dicht, auf 1 cm Blattrand treffen ungefähr 30 Adern.

Neuropteris longifolia unterscheidet sich von den übrigen Vertretern der Gattung durch ihre außergewöhnliche Fiederlänge. Sehr wahrscheinlich gehört sie zur Gruppe von *N. schlehani* STUR.

Holotypus: Bulgarische Akademie der Wissenschaften, Geologisches Institut, Sammlungs-Nr. 1422; Taf. XXI, Bild 4.

Locus typicus: 80.

Stratum typicum: Svidnya-Schichten (Namur C).

Fundorte: Svidnya-Schichten — 77, 80.

Neuropteris obliqua BRONGNIART

Taf. XX, Bild 7

1832 *Neuropteris obliqua.* — BRONGNIART, S. 320; Taf. 96, Fig. 1—4.
1928 *Neuropteris obliqua.* — KRESTEW, S. 565.
1935 *Neuropteris obliqua.* — HARTUNG, S. 90; Taf. 11, Fig. 26.

Material: Einige kleine Stücke.

Beschreibung: Das hier abgebildete Bruchstück — es wurden außer den Exemplaren von KRESTEW und HARTUNG nur wenige Fragmente gefunden — mit seinen rhombischen Endfiederchen ist ein typischer Wedelgipfel. Außer ihm wurden vier Fiederchenpaare von odontopteridischer Form gesammelt. Fiederchen wechselständig, mit ganzer Basis an der Rhachis angewachsen, sogar der herablaufende Teil der oberen zwei Fiederchenpaare. Fiederchenränder parallel, Spitze abgerundet, Aderung deutlich, Mittelader so dick wie die Seitenadern, sich demzufolge nicht abhebend. Seitenadern lose verteilt, unter spitzem Winkel von der Mittelader abzweigend, leicht gebogen, so den Fiederchenrand unter sehr spitzem Winkel erreichend. Sie verzweigen sich bis zu dreimal unter stumpfem Winkel. Nebenadern nicht nur bei Fiederchen mit herablaufender Basis, sondern auch bei den sonstigen Fiederchen.

Fundorte: Svidnya-Schichten — 58, 94, 108;
Svoge-Schichten — 1, 36.

Neuropteris antecedens Stur

Taf. XXI, Bilder 8, 12

1875 *Neuropteris antecedens.* — Stur, S. 53; Taf. 15, Fig. 1—6.
non 1878 *Neuropteris antecedens.* — Stur in Toula, S. 309; Taf. 12, Fig. 5.

Material: Zwei Bruchstücke mit zwei bis drei Fiederchen.

Beschreibung: Fiederchen von dreieckigem oder rhombischem Umriß. Fiederchenränder konvergieren mehr oder weniger zur abgerundeten Spitze. Basis leicht aufgewölbt. Mittelader gut ausgeprägt, fast bis zur Spitze reichend. Seitenadern stark gebogen. Unter sehr spitzem Winkel aus der Mittelader heraustretend und nach zwei oder drei Verzweigungen und wellenförmigen Verbiegungen den Fiederchenrand im Basisbereich fast unter einem rechten Winkel erreichend, der zur Fiederchenspitze allmählich spitzer wird. Nach Form und Maßen stammen diese Fiederchen vermutlich vom unteren Teil des Wedels.

Anmerkungen: In den Abbildungen des Originals bei Stur ist die Aderung undeutlich. Gut dargestellt wird sie erst in der Arbeit von Crookall. Die Abbildung von Toula aus dem Karbon von Svoge gehört nicht zu *N. antecedens.* Mit Krestew wird die Abbildung als wahrscheinliches Bruchstück von *Paripteris gigantea* Stbg. angesehen.

Fundort: Tsarichina-Schichten — 106.

Neuropteris scheuchzeri Hoffmann

Taf. XXII, Bilder 2, 2a, 10

1826 *Neuropteris scheuchzeri.* — Hoffmann in Keferstein, S. 157; Taf. 1, Fig. 1—4.
1953 *Paripteris (Neuropteris) scheuchzeri.* — Gothan, S. 64; Taf. 38.
1959 *Neuropteris scheuchzeri.* — Crookall, S. 178; Taf. 41, Fig. 1, 2; Taf. 42, Fig. 4—7; Taf. 57, Fig. 1, 2, 5; Taf. 57—59, 65A, V, D.

Material: Etwa 10 Exemplare.

Beschreibung: Die zur Verfügung stehenden einzelnen Fiederchen lang-dreieckig, mit leicht gewellten Rändern, zugespitzter Spitze und herzförmiger Basis. Bis 20 mm lang, an der Basis bis 10 mm breit. Terminales Fiederchen ist 40 mm lang, 10 mm breit, an der Basis deutlich aufgewölbt. Die unmittelbar nach ihm folgenden Fiederchen sind abgerundet, 7—8 mm lang, 5—6 mm breit. Das erste dieser Fiederchen ist gleichsam als Ohr vom Terminalfiederchen abgetrennt und zeigt pecopteridische Anheftung. Die stärkere Mittelader reicht bis zur Spitze. Seitenadern von der Mittelader unter spitzem Winkel abgehend, sie sind fast gerade oder nur leicht gebogen. Anzahl der Seitenadern nicht groß, doch verzweigen sie sich drei- bis viermal, bevor sie an den Fiederchenrand stoßen; so werden sie am Fiederchenrand selbst häufig. Fiederchenoberfläche von zahlreichen Härchen bedeckt, diese bis 2 mm lang; gewöhnlich zur Aderung geneigt, und ihr so ein pseudo-netzförmiges Aussehen verleihend. Ein Teil der Härchen geht von den Adern, die übrigen vom Raum zwischen den Adern ab.

Fundorte: Chibaovtsi-Schichten über dem zweiten Konglomerat — 101, 113.

Unterfamilie Paripinatoideae

Gattung ***Paripteris*** GOTHAN 1941

Paripteris gigantea (STERNBERG) GOTHAN

Taf. XXI, Bilder 10, 11

1821 *Osmunda gigantea.* — STERNBERG, S. 29; Taf. 22.
1825 *Neuropteris gigantea.* — STERNBERG, S. 16.
1878 *Neuropteris antecedens.* — STUR in TOULA, S. 309; Taf. 12, Fig. 5(?).
1878 *Cardiopteris polymorpha.* — STUR in TOULA, S. 309; Taf. 12, Fig. 4.
1928 *Neuropteris gigantea.* — KRESTEW, S. 565.
1935 *Neuropteris gigantea.* — HARTUNG, S. 90; Taf. 14, Fig. 60.
1943 *Neuropteris gigantea.* — NĚMEJC, S. 147; Taf. 4, Fig. 12—14; Taf. 5, Fig. 5.
1953 *Paripteris (Neuropteris) gigantea.* — GOTHAN, S. 61; Taf. 34, Fig. 1, 2, 4; Taf. 35, 36.

Material: Mehr als zehn Exemplare.

Beschreibung: Das Material aus Svoge besteht vorwiegend aus einzelnen Fiederchen. Prof. DABER, Berlin, wies Verfasser darauf hin, daß zwei verschiedene Fiederchenformen, die zu dieser Art gehören, existieren. Die eine — seltenere — ist von grober, eckiger Form und wird zur Spitze zu breiter. Diese Fiederchen zeigen gröbere Adern. Stratigraphisch sind diese Formen älter und im Karbon von Svoge sind sie an die Svidnya-Schichten gebunden.

Die weiter verbreitete Form sind zungenartige Fiederchen, die sich zur Spitze zu verschmälern und eine feinere Aderung besitzen.

Bei beiden Formen fehlt die Mittelader oder ist rudimentär an der Fiederchenbasis angedeutet. Seitenadern verzweigen sich einige Male, erreichen den Fiederchenrand bogenförmig geneigt und sehr dicht stehend. Bei der stratigraphisch älteren Form sind es 30—40 Adern auf 1 cm Fiederchenrand, bei der jüngeren 50—60 auf 1 cm.

DABER hat die verschiedenen Formen nicht benannt, so seien sie hier nur als möglich erwähnt und nach ihrem stratigraphischen Niveau getrennt.

Fundorte der groben Form: Svidnya-Schichten — 19, 78, 88, 94, 108;

Fundorte der feineren Form: Svoge-Schichten — 1, 5, 32, 36, 37, 79, 82, 84, 102; Chibaovtsi-Schichten — 113.

Gattung ***Potoniea*** ZEILLER 1899

Potoniea adiantiformis ZEILLER

1899 *Potoniea adiantiformis.* — ZEILLER, S. 52; Taf. 20, Fig. 19, 19A.
1961 *Potoniea adiantiformis.* — STOCKMANS & WILLIÈRE, S. 100; Taf. 11, Fig. 3—6.

Material: Ein Abdruck und Gegenabdruck.

Beschreibung: Das Exemplar nähert sich in Form und Maßen dem Holotypus und den Stücken aus dem belgischen Namur C. Es sind kleine fächerförmige Mikrosporophylle mit gezähntem Außenrand. Am unteren Ende ist eine kurze Achse erkennbar. Die vorliegenden Stücke sind zur Abbildung ungeeignet.

In ihrer vertikalen Verbreitung müßte sie mit der von *Paripteris gigantea* (STBG.) übereinstimmen, aber die Funde sind zu selten, um eine solche Aussage sicher treffen zu können.

Fundort: Svidnya-Schichten — 94.

Familie Mariopteridaceae

Gattung *Mariopteris* Zeiller 1878

Mariopteris acuta (Brongniart) Zeiller

Taf. XXII, Bilder 3, 7–9

1831 *Sphenopteris acuta.* — Brongniart, S. 207; Taf. 5, Fig. 57 (*S. acutifolia*).
1886 *Mariopteris acuta.* — Zeiller, S. 164; Taf. 2, Fig. 16; Fig. 2.

Material: Zahlreiche Exemplare.

Beschreibung: Es liegen hauptsächlich Fragmente von Fiedern vorletzter Ordnung vor, die deutlich asymmetrisch sind. Sie sind zur sie tragenden Achse geneigt, langdreieckig, ungefähr dreimal so lang wie breit.

Die einzelnen Fiederchen sind ebenfalls länger als breit, damit von lanzettlicher Form. Auffallend zur Hauptachse geneigt. Untere basale Seite herablaufend, Fiederchen an der Basis gebogen. Deutlich von den benachbarten Fiederchen getrennt. Fiederchenränder in drei bis zehn Loben geteilt, die zugespitzte Enden zeigen. Einbuchtungen breit und oftmals tief. Die Fiederchen der Basis sind stets schwächer entwickelt als die übrigen.

Aderung immer schlecht sichtbar; vereinzelte Exemplare aus Svoge haben eine relativ hohe Anzahl und deutliche Formen von Aderverzweigungen.

Gothan (1935) unterscheidet bei der Art drei Formen:

— f. *typica* — sie entspricht der obigen Beschreibung;
— f. *grandis* — mit verlängerten und relativ engeren Loben;
— f. *obtusa* — mit stärker abgerundeten Loben.

Die Variabilität der Fiedern und Fiederchen ist sehr groß, infolgedessen ist bei fragmentarischen Fundstücken immer Zweifel an der Zuverlässigkeit der Bestimmung gegeben. Erst Danzé-Corsin (1953) gelang es, die Bedeutung der Lage der Endverzweigungen für die Änderungen der Fiedern vorletzter Ordnung und ihrer Fiederchen zur Systematik auszuwerten.

Fundorte: Svidnya-Schichten — 49, 58, 71, 77, 94, 107;
Svoge-Schichten — 36.

Mariopteris muricata (Schlotheim) Zeiller

1804 Schlotheim, S. 54; Taf. 12, Fig. 21, 23.
1820 *Filicites muricatus.* — Schlotheim, S. 409.
1886/1888 *Mariopteris muricata.* — Zeiller, S. 166; Taf. 20, Fig. 2, 3; Taf. 21, Fig. 1.
1928 *Mariopteris muricata.* — Krestew, S. 565.
1935 *Mariopteris muricata.* — Hartung, S. 86; Taf. 11, Fig. 20.
1943 *Mariopteris muricata.* — Němejc, S. 144; Taf. 5, Fig. 6, 7.

In den bulgarischen Sammlungen findet sich kein Exemplar dieser Art, das zur Abbildung geeignet wäre. Das Exemplar bei Němejc ist ebenfalls sehr schlecht erhalten, und seine Wiedergabe (1943) wenig gut. Nur das von Hartung abgebildete Exemplar aus der Berliner Sammlung kann diese in anderen Becken ganz gewöhnliche Art besser repräsentieren.

Letzteres Exemplar ist Teil einer Fieder vorletzter Ordnung mit gut erhaltenen Fiederchen. Diese ihrerseits sind rhombisch, mit feingezähntem Rand. Aderung deutlich sichtbar.

Fundorte: Svoge-Schichten — 1, 5, 36, 37.

Mariopteris sp.

Taf. XXII, Bild 1

Material: Ein Exemplar.

Beschreibung: Fiederchen zur sie tragenden Hauptachse geneigt. Wechselständig mit symmetrischen Loben, durch tiefe Einbuchtungen getrennt. Zwei Terminalloben geben den Fiederchen ein asymmetrisches Aussehen, was für Vertreter der Art ungewöhnlich ist. Insgesamt drei bis vier Lobenpaare, wobei das erste und zweite Paar oft noch weiter unterteilt sind. Das basale Paar ist das größte. Aderung deutlich, wenig gut erhalten, so daß keine Details zu beobachten sind.

Das einzige aufgefundene Exemplar zeigt nach Lobenform und auf Grund der tiefen Einbuchtungen Ähnlichkeit mit *M. acuta*. Die doppelte Spitze unterscheidet aber *M.* sp. deutlich von *M. acuta*.

Fundort: Tsarichina-Schichten — 106.

Zur Anwesenheit von ***Mariopteris nervosa*** Brongniart

Tenčov (1963, S. 58, Taf. 7, Fig. 1—3) hatte unter diesem Namen die von I. Nikolov im Fundort 33 gesammelten Exemplare beschrieben. Sie sind zweifelsohne Vertreter der Gattung, gehören aber keinesfalls zu *M. nervosa*. So ist der Fiederchenrand nicht ganzrandig, was ein für die Art charakteristisches Merkmal ist. Die zerschlitzten Fiederchen erlauben keinen Vergleich mit *M. muricata* Schloth. Die allgemein schlechte Erhaltung (die Exemplare stammen aus Sandsteinen) lassen nur feststellen, daß es sich um einen Abdruck von *Mariopteris* sp. handelt.

Gattung ***Diplotmema*** Stur 1877 emend.

Diplotmema patentissimum (Ettingshausen) Stur

Taf. XXIII, Bild 9

1865 *Hymenophyllites patentissimum.* — Ettingshausen, S. 26; Taf. 7, Fig. 4; Taf. 13, Fig. 13.
1877 *Diplotmema patentissimum.* — Stur, S. 234.
1923 *Diplotmema patentissimum.* — Kidston, S. 253; Taf. 54, Fig. 5, 6.
1961 *Diplotmema patentissimum.* — Tenčov, S. 157; Taf. 6, Fig. 1.

Material: Ein Exemplar.

Beschreibung: Hauptachse leicht geknickt, etwa 1 mm dick. Fiederchen wechselständig, sich gegenseitig berührend. Umriß rhombisch, in ein bis neun Segmente geteilt. Segmente 4—10 mm lang, etwa 1 mm breit. Spitzen nicht erhalten. Aderung deutlich, wobei die Seitenadern bis zum Ende jedes Segments reichen.

Die Art läßt sich gut abtrennen, zeigt aber doch eine auffallende Ähnlichkeit mit den aphleboiden Fiedern von *Zeilleria moravica* Ett., worauf bei Beschreibung letzterer Art bereits hingewiesen wurde (s. S. 48). Hauptunterschied ist der rhombische Fiederchenumriß von *D. patentissimum*.

Fundort: Tsarichina-Schichten — 34.

Familie Odontopteridaceae

Gattung *Odontopteris* BRONGNIART 1828

Odontopteris sp.

Taf. XXII, Bild 6

Material: Vier Exemplare.

Beschreibung: Die zwar vollständigen, aber zum Abbilden nicht geeigneten Exemplare sind Fiederspitzen mit erhaltenen Spitzen- und Seitenfiederchen. Das einzige zum Abbilden günstige Fragment ist ein Fiederchen. Es ist odontopteridisch an der Achse befestigt und zeigt die für die Gattung typische Aderung. An der Basis teilen sich die Adern unter sehr spitzem Winkel, dann steigen sie steil auf und verzweigen sich bis fünfmal, bevor sie mehr oder weniger senkrecht den Fiederchenrand erreichen. Sie sind nur im basalen Teil geneigt.

Da die Artbestimmung unmöglich ist, wird dazu nicht Stellung genommen. In biostratigraphischer Hinsicht sind die Funde wichtig, weil damit die ersten Vertreter der Gattung im Westfal C nachgewiesen sind.

Fundort: Chibaovtsi-Schichten — 101.

Pflanzenreste unsicherer Zugehörigkeit, wahrscheinlich Pteridospermen

Sphenopteris hollandica GOTHAN & JONGMANS

Taf. XXIII, Bild 8

1927 *Sphenopteris hollandica.* — GOTHAN & JONGMANS, S. 65.
1928 *Sphenopteris hollandica.* — JONGMANS, S. 12; Taf. 3, Fig. 1.
1929 *Sphenopteris hollandica.* — GOTHAN, S. 38; Taf. 1, Fig. 5; Taf. 11, Fig. 3, 3A.
1952/1953 *Sphenopteris hollandica.* — STOCKMANS & WILLIÈRE, S. 267; Taf. 24, Fig. 6; Taf. 31, Fig. 1, 2; Taf. 45, Fig. 10, 11; Taf. 47, Fig. 2; Taf. 54, Fig. 5, 6.

Material: Einige Fragmente.

Beschreibung: Das vollständigste Exemplar besitzt drei Paar fast gegenständige Fiederchen; oval, an der Basis verschmälert. Jedes Fiederchen mit drei Paar fast gegenüber stehenden Loben und einem terminalen Lobus. Loben abgerundet, mit grober Oberfläche. Einbuchtungen sehr tief, fast bis zur Achse, laufen dieser parallel und enden spitz.

Aderung deutlich mit mehreren Verzweigungen, die fast senkrecht auf den Blattrand stoßen.

Die unregelmäßig-ovale bis fächerartige Form der Loben und die zahlreichen ebenfalls fächerartig verlaufenden Adern unterscheiden *Sph. hollandica* von den übrigen möglichen pteridospermischen Vertretern der Gattung.

Die Stücke wurden in der für das Namur C typischen Assoziation gefunden (vgl. GOTHAN 1929, S. 38).

Fundort: Svidnya-Schichten — 94.

Sphenopteris cf. ***obtusiloba*** Brongniart

Taf. XXII, Bilder 4, 5

1829 *Sphenopteris obtusiloba.* — Brongniart, S. 240; Taf. 53, Fig. 2.
1913 *Sphenopteris obtusiloba.* — Gothan, S. 19; Taf. 4, Fig. 1, 2; (?)Taf. 7, Fig. 1.
1929 *Sphenopteris obtusiloba.* — Gothan, S. 28; Taf. 4, Fig. 1; Taf. 5; Taf. 6, Fig. 1; Taf. 11, Fig. 4.

Material: Mehrere Exemplare.

Beschreibung: Das vollständigste Exemplar bilden zwei unvollständige Fiedern vorletzter Ordnung. Fiedern lanzettlich, sich berührend oder etwas voneinander entfernt. Sechs oder mehr Fiederchenpaare und ein Terminalfiederchen. Fiederchen von der Achse durch tiefe Einkerbungen getrennt. Fiederchen im unteren Teil mit drei bis fünf, im mittleren Teil nur drei und im oberen keine Loben. Loben abgerundet, eiförmig bis rund, ihre Größe verringert sich zur Spitze. Einkerbungen zwischen den Loben flach, breit-offen; nur bei den unteren Fiederchen schmal, spitzwinklig und die Fiederchenmitte erreichend. Aderung undeutlich, Einzelheiten nicht zu beobachten.

Die Exemplare können auf Grund der Fiederchenform sowie deren Änderung entsprechend ihrer Position am Blatt zu *Sph. obtusiloba* gestellt werden. In ihrer Größe stimmen sie mit den von den verschiedensten Verfassern abgebildeten Exemplaren nicht überein — letztere sind bis zu einem Drittel größer.

Das Material liegt in der Sammlung der Universität Sofia.

Fundorte: Svoge-Schichten — 37.
Berovdol-Schichten — 45.

Sphenopteris sp.

Taf. XXIII, Bild 3

Material: Etliche Exemplare.

Beschreibung: Blätter mindestens dreifach gefiedert. Achse vorletzter Ordnung 3 mm, letzter Ordnung 1 mm breit. Fiedern vorletzter Ordnung gegen- oder wechselständig, lang-dreieckig. Bis 4 cm lang, Breite an der Basis bis 14 mm. Fiedern mit etwa zehn Fiederchenpaaren. Fiederchen der Blattbasis 6 mm lang, 3 mm breit, zur tragenden Achse geneigt. In drei Loben geteilt, zwischen denen kleine Einkerbungen liegen; Spitze gerundet. Höher stehende Fiederchen von dreieckigem Umriß mit stumpfer Spitze, senkrecht zur Achse. Bei den mittleren und oberen Fiederchen fehlen Loben. Mittelader dick, fast bis zur Fiederchenspitze reichend. Seitenadern zahlreich, Teilung und Verlauf indes undeutlich.

Die vorliegenden Exemplare sind keiner der aus dem Svoge-Becken aufgesammelten Arten ähnlich, ebensowenig den dem Verfasser aus der Literatur bekannten Arten. Da sie zur endgültigen Definition und Beschreibung einer neuen Art ungenügend erhalten sind, werden sie ohne bestimmten Artnamen gelassen.

Fundort: Svidnya-Schichten — 80.

Zur Anwesenheit von ***Palmatopteris furcata*** Brongniart

Tenčov (1961, S. 157, Taf. 6, Fig. 2—4) hat unter diesem Namen etliche Exemplare beschrieben, die vom Fundort 34 — Tsarichina- und Berovdol-Schichten — stammen. Die Stücke sind schlecht erhalten und die damals getroffene Bestimmung ist ungenügend begründet. Das Material kann weder zu *P. furcata* noch zu einer anderen Art gestellt werden. Mit ? kann man sie mit *Zeilleria moravica* ETT. vergleichen, doch wird hiermit empfohlen, sie zu keiner Art zu rechnen, sondern sie als unbestimmbare Pflanzenreste zu behandeln.

Zur Anwesenheit von *Cardiopteris polymorpha* GOEPPERT

STUR (in TOULA 1878, S. 63, Taf. 12, Fig. 4) behandelt unter diesem Namen ein Pflanzenfragment. Das gleiche Exemplar betrachtet KRESTEW (1928) mit ? als Cyclopteriden-Blatt. HARTUNG (1935, S. 57) vertritt die Meinung, daß das Stück ein Achsen-Zwischenblättchen von *Paripteris gigantea* STBG. sei. Dieser Ansicht schließt sich Verfasser an.

Bemerkungen zu *Callipteridium gothani* KRESTEW

KRESTEW (1928, S. 577, Taf. 39, Fig. 1) beschreibt ein Exemplar, das er von der Sammlung der Universität Sofia erhielt, ohne sich über seinen Ursprung ausreichend zu informieren. Später erst wurde bekannt, daß es sich um den Abdruck der oberkretazischen *Aenigmatophyllum gothani* (KRESTEW) GOTHAN & HARTUNG aus dem Balkan-Kohlenbecken handelt (HARTUNG & GOTHAN 1939).

Gattung *Rhodea* PRESL 1838

Rhodea sp.

Taf. XXIII, Bild 4

Material: Drei Fragmente.

Beschreibung: Die drei Fragmente sind untereinander ähnlich. Das vollständigste Stück hat asymmetrische Blättchen letzter Ordnung. Blättchen 2 cm lang, asymmetrisch, zwei oder dreimal dichotom verzweigt. Segmente linealisch bis 12 mm lang, etwa 1 mm breit, mit breiter Ader.

Durch ihre asymmetrischen Blättchen haben die Exemplare aus Svoge Ähnlichkeit mit *R. steinbrincki* LEG. & SCHONEF. (1957, S. 12, Taf. 3, Fig. 1—3) und mit *R. roseliensis* STOCKM. & WILL. (1952/1953, S. 256, Taf. 51, Fig. 11), aber ihren Maßen nach sind die hier gefundenen Stücke doppelt so groß. Die beiden genannten Arten sind an Hand fragmentarischen Materials aufgestellt worden (besonders die zweite), das von den Blattenden stammt. Die Funde aus Svoge sind offensichtlich von den mittleren oder unteren Blatteilen. Das spärliche Fundmaterial erlaubt nicht, die Variationsbreite der Blättchen zu ermitteln. Auf Grund des geringen Materials werden die Stücke aus Svoge nur bis zur Gattung bestimmt.

Fundort: Svidnya-Schichten — 99.

Samen unbekannter Zugehörigkeit

Trigonocarpus perpusilus LESQUEREUX

1884 *Trigonocarpus perpusilus.* — LESQUEREUX, S. 820; Taf. 110, Fig. 58—61.
1935 *Trigonocarpus perpusilus.* — HARTUNG, S. 92; Taf. 13, Fig. 58, 59.

Material: Das Exemplar von HARTUNG konnte in der Berliner Sammlung nicht gefunden werden.

Beschreibung (nach HARTUNG): Samen 4—5 mm lang, 2,5—3 mm breit, verlängert-eiförmig, mit Längsrippen. An der Abbildung bei HARTUNG sind weitere Details nicht erkennbar.

Fundort: Berovdol-Schichten — 8 A.

Tetragonocarpus ovatus n. sp.

Taf. XXIII, Bild 7

Material: Zehn Exemplare.

Beschreibung: Samen oval bis kugelförmig, Durchmesser 5 mm. Von der Befestigungsstelle gehen unter rechtem Winkel vier Furchen ab. Der übrige Teil der Oberfläche ist glatt.

Alle Funde stammen von einer Fläche mit *Alethopteris hartungi* n. sp., so daß es möglich ist, daß sie Samen dieser neuen Art darstellen. In organischem Zusammenhang wurden sie allerdings nicht gefunden.

Holotypus: Bulgarische Akademie der Wissenschaften, Geologisches Institut, Sammlungs-Nr. 2154; Taf. XXIII, Bild 7.

Stratum typicum: Tsarichina-Schichten (Namur A).

Locus typicus: 26.

Fundort: Tsarichina-Schichten — 26.

Hexagonocarpus mosanus STOCKMANS & WILLIÈRE

Taf. XXIII, Bilder 5, 6

1952/1953 *Hexagonocarpus mosanus.* — STOCKMANS & WILLIÈRE, S. 322; Taf. 33, Fig. 7, 8.

Material: Mehrere Exemplare.

Beschreibung: Samen oval, 5—6 mm lang, 2,5—3 mm breit. Von Pol zu Pol laufen drei oder vier aufgewölbte ununterbrochene Kanten, wie es für die Art charakteristisch ist.

Die Exemplare stimmen in Größe, Aussehen und stratigraphischem Niveau gut mit dem Holotypus überein.

Fundorte: Svidnya-Schichten — 49, 71.

(?) *Hexagonocarpus* sp.

Taf. XXIII, Bild 10

Material: Fünf Exemplare.

Beschreibung: Samen 25—30 mm lang, 11—14 mm breit (die breitesten Exemplare sind bei der Fossilisation zerdrückt worden). Drei bis vier Kanten auf der Erhaltungsfläche, die über die ganze Länge des Samens laufen. Bei den zerdrückten Exemplaren sind diese Kanten am oberen Ende abgetrennt und heben sich als Spitzen empor. Wenn die sechs Kanten für *Hexagonocarpus* als charakteristisch angesehen werden, kann die Gattungsbestimmung für richtig erkannt werden. Es sei aber betont, daß bei *Trigonocarpus* manchmal mehr als nur drei Falten oder Kanten zu beobachten sind.

In solchen Fällen ist eine sichere Bestimmung nur möglich, wenn weitere Einzelheiten im Bau erhalten sind. Bei den hier behandelten Stücken fehlen weitere Feinheiten, da sie im inkohlten Zustand vorliegen.

Fundort: Chibaovtsi-Schichten — 113.

Unterklasse Coniferophyta

Ordnung Cordaitales

Familie Cordaitaceae

Gattung ***Cordaites*** UNGER 1850

Cordaites principalis (GERMAR) GEINITZ

1848 *Flabellaria principales.* — GERMAR, S. 55; Taf. 23, Fig. A, B.
1855 *Cordaites principalis.* — GEINITZ, S. 41; Taf. 21, Fig. 1, 2.
1935 *Cordaites principalis.* — HARTUNG, S. 91; Taf. 12, Fig. 43.

Material: Seltene Blattabdrücke.

Beschreibung: Blattfragmente mit der für die Art charakteristischen Aderung. Adern zahlreich, dabei ein Teil dicker, ein Teil dünner. Zwischen je zwei dicken Adern liegen ein bis sechs dünne, abhängig davon, welcher Blattabschnitt vorliegt. Auf 1 mm des Blattes zählt man zwei bis drei dicke und sechs bis acht dünne Adern.

Fundorte: Tsarichina-Schichten — 67;
Svidnya-Schichten — 52, 90 (sp.);
Dramsha-Schichten — 89;
Svoge-Schichten — 1, 4, 6 (cf.), 81, 86;
Chibaovtsi-Schichten — 8B (sp.), 93, 101.

Cordaites borassifolius (STERNBERG) UNGER

Taf. XXIII, Bild 1

1823 *Flabellaria borassifolia.* — STERNBERG, S. 31; Taf. 18, Fig. 4.
1850 *Cordaites borassifolius.* — UNGER, S. 277.

Material: Etliche Blattfragmente.

Beschreibung: Wichtigstes Merkmal ist der Verlauf der Aderung. Auf die gesamte Länge des Blattes wechseln stets eine dicke und eine dünne Ader ab. Auf 1 mm liegen zwei dicke und zwei dünne Adern.

Fundort: Chibaovtsi-Schichten — 93.

Samaropsis sp.

1928 *Samaropsis* sp. — KRESTEW, S. 565.

Das bei KRESTEW erwähnte Exemplar liegt in der Sammlung der Universität Sofia, kann aber nicht näher bestimmt werden; es ist zum Abbilden ungeeignet. Da auf der Fundstelle 1 der Svoge-Schicht *Cordaites principalis* GERM. gefunden worden ist, ist die Anwesenheit von *Cordaites*-Samen sehr wohl möglich.

Fundort: Svoge-Schichten — 1.

VII. BIOSTRATIGRAPHIE DES KARBONS VON SVOGE

Ziele der Stratigraphie sind einmal die Schichtenfolgen zeitlich einzustufen, zum anderen diese Schichtenfolgen im regionalen und überregionalen möglichst weltweiten Maßstab zu korrelieren.

Die Lithostratigraphie des Karbons von Svoge auf Grund makroskopischer Kennzeichen ist bereits publiziert (Tenčov 1966). Dabei wurde kurz zum Alter der beschriebenen Folgen Stellung genommen und auf den vorläufigen Charakter dieser Einstufung hingewiesen.

Mit dieser Publikation wird erstmals eine umfassende Biostratigraphie des Karbons von Svoge auf der Basis seines fossilen Pflanzeninhalts vorgelegt. Dabei haben die beiden Aspekte stratigraphischer Arbeit Berücksichtigung gefunden: Erstens vertikale Suksession der Pflanzenvergesellschaftungen und zweitens chronostratigraphische Korrelation mit dem international gültigen Standardschema des Karbons.

Die Stratigraphie der oberkarbonischen kohlenführenden Horizonte wurde in Europa vorwiegend nach den Abfolgen in den paralischen Becken festgelegt. Sie basiert sowohl auf den zahlreichen Profilen der Bergbau- und Forschungsarbeiten als auch auf den reichen Faunen- und Florenfunden in diesen Becken. Für die paralischen Profilabschnitte liegt der Schwerpunkt der vergleichenden Stratigraphie heute noch auf den marinen Horizonten, die durch ihre Fauna charakterisiert und durch ihre Florenassoziationen nur ergänzt werden. Gleiches gilt für die zwischen diesen marinen Horizonten liegenden kohleführenden, kontinentalen Ablagerungen. Die Korrelation zwischen den paralischen Profilabschnitten in den einzelnen Becken ist relativ unkompliziert. Aber für die rein limnischen Sedimente, die die Folgen in den paralischen Becken abschließen, sowie für die limnischen Innenbecken gibt es bis heute fast keine Floren-Korrelation, die nicht eine lebhafte Diskussion hervorgerufen hätte.

Das Karbon von Svoge unterscheidet sich von den übrigen europäischen Becken durch seine beträchtliche stratigraphische Reichweite (Namur bis Westfal), seine geographische Entfernung von den übrigen Becken, seinen komplizierten tektonischen Bau, das Fehlen mariner Ablagerungen bzw. Faunen und vor allem durch die relative Artenarmut der fossilen Flora.

Kennzeichnend für die Biostratigraphie karbonischer Floren ist die Abnahme der „Leitarten", die nur aus einem kleinen Teil des Profils bekannt sind, und ihre Ablösung durch leitende Pflanzengemeinschaften. Der stratigraphische Wert dieser Assoziationen wird durch folgende Faktoren bestimmt:

1. Auftreten von Arten, die nur für eine Stufe charakteristisch sind;
2. Das Verhältnis der Arten, deren Entwicklungshöhepunkt gleich ist, zu Arten mit unterschiedlicher Entwicklungshöhe, d. h., das Verhältnis der neu einsetzenden zu den aussterbenden Arten;
3. Überschneidungen der oberen Nachweisgrenze einer oder mehrerer Arten mit dem ersten Auftreten einer bzw. mehrerer anderer Arten.

Um die Sicherheit der Schlußfolgerungen zu erhöhen, muß man den stratigraphischen Wert der betrachteten Arten einschätzen können. Diesbezüglich ist bisher wenig publiziert worden und so seien einige allgemeine Erörterungen gestattet.

Die fossilen Pflanzenarten, die häufig anzutreffen und aus mehreren Becken bekannt sind, liefern zuverlässige stratigraphische Aussagen. Nun kann es aber geschehen, daß sich dieses Verhältnis umkehrt, nämlich dann, wenn es sich um Arten von großer vertikaler Reichweite handelt, so daß Höhepunkt und Aussterben in den einzelnen Becken variieren können.

Arten, die selten und in nur wenigen Exemplaren und dabei nicht einmal in allen

Becken nachgewiesen sind, können auch in nichttypischem Niveau auftreten. Ihr stratigraphischer Wert sollte sehr vorsichtig beurteilt werden.

Arten, die nur in einem Becken verbreitet sind (endemische Arten), sind für die rein regionale Korrelation auszuwerten.

Bei der Untersuchung des Svoge-Beckens ließen sich regionale Florengemeinschaften nachweisen, die weitgehend durch die Besonderheiten des Beckens selbst bedingt sind. Diesen Assoziationen darf man keine überregionale Bedeutung zumessen.

Die Kenntnisse über die fossile Flora von Svoge sind leider nicht als gleichwertig zu betrachten. So z. B. ist die Flora der Tsarichina- und Svidnya-Schichten, die an zahlreichen Punkten aufgeschlossen sind, als gut bekannt anzusehen. In jüngster Zeit wurden aus alten und neuen Aufschlüssen ausschließlich aus diesen Schichtfolgen bekannte Arten nachgewiesen.

Die Dramsha-Schichten sind fossilarm; bislang wurde nur eine Fundstelle mit zwei Arten ermittelt. Beide Arten haben einen geringen stratigraphischen Wert.

Die Svoge-Schichten sind zwar besser aufgeschlossen, doch sind die unteren vier Fünftel ihrer Ablagerungen fossilarm. Viele der dort gefundenen Arten haben eine beachtliche vertikale Reichweite. Dennoch sind sie ausreichend, um die untere Grenze der Folge zu bestimmen. Der oberste Teil der Schichten ist für die Verhältnisse dieses Beckens relativ reich an fossiler Flora, die es gestattet, ihre obere Grenze festzulegen. Aus diesem Horizont sind für die Zukunft kaum neue Arten zu erwarten.

Die Berovdol-Schichten sind schlecht aufgeschlossen, daher arm an Pflanzenfunden. Die nachgewiesenen Arten stammen von räumlich recht getrennten Fundorten, und es ist schwierig, sie zu korrelieren. Die Sedimente selbst sind grobkörnig. Hier ist mit einem bedeutendem Zuwachs an neuen Arten kaum zu rechnen.

Die Chibaovtsi-Schichten sind schlecht aufgeschlossen. Die bis jetzt gesammelte fossile Flora ist zwar wenig reich an Exemplaren, doch ist sie mannigfaltig an Arten. Jeder neue Fundpunkt bringt zugleich für das Becken neue Arten. Das beweist, daß in der Kenntnis ihrer fossilen Flora noch große Lücken bestehen. Auf dieses stratigraphische Niveau sind die weiteren Forschungsarbeiten zu konzentrieren, da man hier einen Wissenszuwachs an neuen Arten erwarten kann.

Die Einschätzung des stratigraphischen Werts der fossilen Pflanzengemeinschaften im Svoge-Becken führte zu Schlußfolgerungen über das Alter der einzelnen Folgen. Zum Beweis wurden identische Vergesellschaftungen oder Arten aus den Becken, mit denen die Vergleiche vorgenommen wurden, angeführt, aber nicht umgekehrt. In den Vergleichsbecken ist die Anzahl an verschiedenen Arten bedeutend höher als in Svoge. Diese Becken sind paralisch und boten für die Ausbreitung und Erhaltung ihrer Flora bessere Bedingungen.

Vergleiche mit Innenbecken werden aus zwei Gründen nicht gezogen: Erstens bringen solche Becken zahlreiche endemische Arten hervor; zweitens umfaßt von den bisher bekannten Becken nur eines noch den stratigraphischen Bereich Namur bis Westfal und dessen Flora ist bislang nicht untersucht. Das ist das Becken in den Westalpen. Innenbecken mit Westfal B sind nicht erschlossen. Normalerweise bildet diese Stufe die Beckenbasis und setzt mit Konglomeraten ein. Die meisten Innenbecken reichen vom Westfal C bis Stefan, manche sogar bis in das Perm, d. h., in diesen Becken setzte die Entwicklung ein, als im Svoge-Becken die Sedimentation ausklang.

Verglichen wird das Karbon von Svoge mit dem Becken von Horní Sleszko/Gorný Śląsk (ČSSR/VR Polen) (Oberschlesisches Becken), dem Becken von Dolný Śląsk (VR Polen) (Niederschlesisches Becken), den westeuropäischen paralischen Becken und, soweit möglich, mit dem Donezbecken. Letzteres zeigt eine wesentlich andere Florenassoziation als die Becken von Svoge, Westeuropa und Śląsk. Das zum Svoge-Becken räumlich nächstgelegene Kleinasiatische Becken von Eregli, Türkei, ist ungenügend erforscht; so wird auf eine Korrelation verzichtet.

Die bis jetzt im Svoge-Becken ermittelte Flora ist in Anlage I gegeben. Dort werden ausgewiesen: die quantitative Vertretung jeder Art, die Schichten, in denen sie gefunden wurde, von welchen anderen Fundstellen sie bekannt ist (Vergleichsfundstellen), die maximale Reichweite der Art.

In Anlage II sind zusammengestellt: Nummer jedes Fundorts in der betreffenden Schicht, Zusammensetzung der Flora am Fundort, Fundorte im Svoge-Becken, in denen die Art ebenfalls nachgewiesen ist. Anlage III gibt den Florenbestand jedes Fundorts und seine stratigraphische Stellung.

Tsarichina-Schichten

Die Tsarichina-Schichten sind auf eine Erosionsfläche aufgelagert. Liegendes sind Gesteine des Ordoviziums, Silurs und Oberdevons.

Die Obergrenze ist ebenfalls ein Erosionshorizont, auf der die Berovdol-Schichten liegen.

Zusammensetzung der fossilen Flora, auf Grund derer die biostratigraphischen Schlußfolgerungen hergeleitet wurden (Artname; Häufigkeit außerhalb des Beckens):

Assoziationen im unteren Teil

Leitarten

Sphenophyllum tenerrimum — sehr häufig; Namur A; sehr häufig;
Sphenophyllostachys tenerrimus — häufig; Namur A; häufig;
Mesocalamites approximatiformis — selten; Namur A; selten;
Eleutherophyllum mirabile — selten; Visé—Namur A; selten;
Zeilleria moravica — sehr häufig; Visé—Namur A; häufig;
Neuropteris antecedens — sehr selten; Visé—Namur; selten;
Diplotmema patentissimum — sehr selten; Visé—Namur; selten.

Diese Arten bilden keine ständige Assoziation, treten aber doch oft zusammen auf. Ständiger Begleiter einer Vergesellschaftung mit diesen Arten ist *Pecopteris aspera*.

Endemische Arten

Mesocalamites tenuis n. sp. — häufig;
Calamariophyllum tsarichinaense n. sp. — selten;
Sphenasterophyllites longifolius n. sp. — häufig;
Sphenopteris konjaroffi — sehr häufig;
Alethopteris pecopteroides n. sp. — selten;
Alethopteris hartungi n. sp. — selten;
Alethopteris klimenti n. sp. — selten;
Tetragonocarpus ovatus n. sp. — selten.

Ungewöhnlich erscheint das Auftreten von *Asterophyllites lycopodioides*, was bei ihrer Beschreibung, S. 18, erläutert wurde.

Von den übrigen in Anlage II genannten Arten haben die Mesocalamiten, die in diesem Becken häufig sind, auch in den anderen Becken nicht selten erscheinen und durch das ganze Namur bekannt sind, einen gewissen stratigraphischen Wert.

Aus der vertikalen Verbreitung der Leitarten ergibt sich, daß diese Schichten von ihrer Basis bis zum Niveau des Fundorts 59 in das Namur A gehören. In Belgien wird das Namur A auf Grund der Flora zweigeteilt: Unterer Abschnitt der Zone E_1, in dem häufig solche Arten vertreten sind, die im Svoge-Becken fehlen, und oberer Abschnitt der Zonen E_2 und H, mit denselben Arten (außer den endemischen), die auch von Svoge bekannt sind. So wird die Auffassung vertreten, daß das unterste Namur A im Svoge-Becken nicht vertreten ist.

Assoziationen im oberen Teil

In den oberen Tsarichina-Schichten sind mit den Fundorten 59 und 53 nur zwei Aufschlüsse nachgewiesen. Fundort 59 liegt in einem tektonisch abgerissenen Profil und die Beziehungen zu den tieferen Sedimenten der Abfolge sind nicht bekannt. Fundort 53 ist lithologisch mit Fundort 60 verbunden, der Vertreter aus der unteren Assoziation enthält. Hierzu kann ebenfalls Fundort 68 gerechnet werden, wo nur die obersten Teile der Tsarichina-Schichten aufgeschlossen sind.

In dieser Pflanzengemeinschaft sind von den häufigen Vertretern der unteren Assoziation verschwunden: *Sphenophyllum tenerrimum, Alethopteris hartungi* n. sp. und *Sphenopteris konjaroffi*. Dabei bleibt die Abwesenheit der seltenen Arten aus der ersten Gemeinschaft unberücksichtigt. Als neue Elemente erscheinen: *Lepidodendron sturi* n. sp. — häufig, aus dem Namur von Śląsk als *L. veltheimi* STUR (non STERNBERG) bekannt und *L. zigzagum* n. sp., — selten.

Diese Vergesellschaftung kann als Namur A betrachtet werden, da hier *Z. moravica* auftritt; andererseits verschwindet *Sph. tenerrimum*, wodurch Namur B möglich wird. Letztere Einstufung wird durch den vereinzelten Fund von *Sphenophyllum* aff. *cuneifolium* gestützt, einer Art, die aus dem Namur B erwähnt wird, z. B. im mittleren und oberen Sippenaeken der Andenne-Folge in Belgien. Weitere Vergleiche mit Namur-B-Floren sind nicht möglich, da bisher nur aus Belgien Profile dieses stratigraphischen Niveaus bekannt sind.

Die Ablagerung der Tsarichina-Schichten setzte also nach Beginn des Namur A ein, und sie gehören im wesentlichen zum oberen Namur A. Ihr oberster Abschnitt ist vermutlich in das Namur B zu stellen.

Svidnya-Schichten

Das erodierte Liegende sind Gesteine des Ordoviziums und Silurs sowie Tiefengesteine vom Kalk-Alkali-Typ.

Die obere Grenze ist nur teilweise belegt — sie bildet einen lithologischen Zusammenhang mit den hangenden Bildungen der Dramsha-Schichten.

Aus den Svidnya-Schichten ist eine fossile Pflanzengemeinschaft bekannt, die ihren Bestand in den obersten Horizonten ändert, was allerdings nur von einer Fundstelle belegt ist.

Leitarten

Zeilleria baertlingi — selten; Namur C; selten;
Neuropteris schlehanoides — häufig; Namur C; häufig;
Hexagonocarpus mosanus — selten; Namur C; selten;

Die charakteristische Assoziation setzt sich zusammen aus: *Neuropteris schlehani, Paripteris gigantea, Mariopteris acuta*. Diese Pflanzengemeinschaft ist weit verbreitet. Sie ist aus dem Namur C im typischen Gebiet der Sprokhöveler Schichten bekannt, sowie aus allen anderen Becken, in denen Namur C vertreten ist.

Aussterbende Arten bzw. Gruppen: *Mesocalamites* sp. div., *Annularia subradiata, Asterophyllites gothani.*

Neuauftretende Arten: *Calamites undulatus, Sphenophyllum cuneifolium, Annularia radiata, Calamostachys paniculata, Palaeostachya ettingshauseni, P. striata, Corynepteris angustissima, Zeilleria frenzeli, Alethopteris lonchitica, A. decurrens, Neuropteris obliqua.*

Die aussterbenden Arten sind für das Namur charakteristisch und reichen bis zum Namur C, ohne diese stratigraphische Grenze zu überschreiten. Die neuen Arten treten selten im Namur C auf und werden im Westfal A und höher massenhaft. Letztere Assoziation ist aus den meisten europäischen Becken gut bekannt, wird aber nicht überall stratigraphisch gleich eingeordnet: im Typusgebiet des Namur C sowie in den benachbarten Räumen wird sie immer als Namur C betrachtet, während manche Autoren sie in den Becken von Śląsk in das Westfal A einstufen.

Häufige endemische Arten

Neuropteris rectinervis f. *obtusa* n. f., *N. lata* n. sp., *N. longifolia* n. sp.

Insgesamt steht diese Flora den nachstehend aufgeführten Floren am nächsten; C_2^1 aus dem Donezbecken, Sattelgruppe und Nieder-Susska-Folge im Becken von Śląsk, die alle als Namur C betrachtet werden. In Frankreich kommt die Marie-de-Flines-Folge in Frage, in Belgien der obere Teil der „Zone" Gilly der Andennen-Folge.

Somit gehören die Svidnya-Schichten in das Namur C, nur ihr oberster Teil ist sehr wahrscheinlich in das unterste Westfal A zu stellen.

Dramsha-Schichten

Die untere Grenze bildet einen lithologischen Übergang; nur stellenweise (Aufschlüsse östlich Mahala Zimitsa) beobachtet man Erosionserscheinungen. Liegendes sind die Gesteine der Svidnya-Folge; dort wo die Schichten transgredieren, bilden Gesteine des Ordoviziums die Basis.

Die obere Grenze wird ebenfalls nur bedingt angenommen, ist aber stellenweise erosiv. Hangendes bilden die Gesteine der Svoge-Schichten (mit allmählichem Übergang), oder die Sedimente der Berovdol-Schichten (erosive Grenze).

Die Sedimente der Dramsha-Folge sind ausgesprochen pflanzenfossilarm. Die einzige Fundstelle — Fundort 89 — erbrachte lediglich zwei Arten: *Cordaites principalis* und *Calamites undulatus*. Die erste Art wird aus dem gesamten Oberkarbon genannt; die zweite Art tritt selten im Namur C auf, ist aber im Westfal weit verbreitet. Die Zuordnung der Folge zum unteren Westfal A wird aus ihrer Lage im Gesamtprofil abgeleitet. Die sie überdeckenden Svoge-Schichten gehören zum Westfal A, die liegenden Svidnya-Schichten sind Namur C, wobei ihre obersten Bereiche in das unterste Westfal A zu stellen sind. Da die die Dramsha-Schichten einschließenden Folgen durch Übergänge mit ihr verbunden sind, ist es gerechtfertigt, die Dramsha-Schichten in das Westfal A zu stellen.

Svoge-Schichten

Liegendes sind die durch Übergänge mit den Svoge-Schichten verbundenen Dramsha-Schichten.

Die obere Grenze ist erosiv, darüber folgen die Berovdol-Schichten.

In ihren unteren vier Fünfteln ist die fossile Flora der Svoge-Schichten individuen- und artenarm. Hier sind die Sedimente stärker sandig, sind allerdings bezüglich ihrer fossilen Flora auch weniger gründlich untersucht. Die in ihnen auftretenden Kohleflöze sind erst in jüngster Zeit Gegenstand von Forschung und Abbau geworden. Doch ist die Florenausbeute dadurch nicht wesentlich angestiegen. Es wurden bisher gefunden (Fundorte 81, 82, 85, 86, 87, 102 und 105):

Calamites undulatus, C. carinatus, Sphenophyllum majus, Sphenasterophyllites cyril-methodii n. sp., *Asterophyllites charaeformis, A. grandis, A. lycopodioides, Paripteris gigantea, Cordaites principalis.*

Diese Flora belegt westfälisches Alter, wobei unsicher bleibt, ob es sich um Westfal A oder Westfal B handelt.

Eine zweite Assoziation wurde im oberen Teil der Folge nachgewiesen, nahe Svoge, in den Argilliten, die als Hangendes der Kohleflöze in den Gruben „Bolschewik“ und „Waglen“ sowie in Tagesaufschlüssen vorkommen (Fundorte 1, 4, 5, 36 und 37).

Die einzige für Westfal A charakteristische Art, die hier gefunden wurde, ist *Sphenopteris laurenti*.

Charakteristisch ist dagegen die Vergesellschaftung von Arten, deren Höhepunkt im Westfal A liegt: *Sigillaria elegans*, *S. mamillaria*, *S. schlotheimiana*, *S.* cf. *rugosa*.

Charakteristisch ist ferner die Assoziation der aussterbenden Arten *Annularia subradiata*, *Neuropteris schlehani*, *Mariopteris acuta* mit den neu auftretenden Arten *Sphenophyllum majus*, *Calamites* sp. div., *Renaultia rotundifolia*, *Mariopteris acuta*. Die aussterbenden Arten sind für das Namur typisch und erreichen selten das Westfal A. Die neuen Arten sind für eine Westfal-Flora charakteristisch und im Namur C fehlen sie. Damit ist diese Vergesellschaftung in das Westfal A einzuordnen.

Ähnliche Pflanzengemeinschaften sind aus dem Donezbecken bekannt — in den Folgen C_2^1, C_2^2 und im unteren C_2^3 —, wobei der entscheidende Unterschied im Fehlen der paralischen Arten besteht. Dieser Abschnitt des Donezbecken-Profils wird in das Westfal A eingestuft.

Ebenfalls als Westfal A werden die folgenden Profilteile europäischer Becken eingegliedert, die einen ähnlichen Florenbestand zeigen, daneben aber Vertreter solcher Gattungen enthalten, die für paralische Becken charakteristisch sind: Obere Susska (Rudaer-) und Dombrawa-Schichten des Beckens von Gorný Śląsk, Untere Žacléřer (Schatzlarer) Schichten im Becken von Dolný Śląsk; Wittener und Bochumer Schichten, Chatlé- und Vicoin-Folge in den westlichen paralischen Revieren.

Die Svoge-Schichten wurden von Hartung und Němejc in bezug auf die Floren-Assoziation als Westfal A betrachtet. Verfasser vertritt dieselbe Ansicht, doch sei betont, daß die Svoge-Schichten in ihrer Gesamtheit im Westfal A gebildet wurden.

Berovdol-Schichten

Obere und untere Grenze sind erosiv. Das Liegende bilden Gesteine des Ordoviziums und Silurs, ferner die Svoge-, Svidnya- und Tscharichina-Schichten. Das Hangende wird von den Chibaovtsi-Schichten vertreten.

Es ist schwierig, die Flora dieser Folge zeitlich richtig einzuordnen, da Arten oder Vergesellschaftungen sicherer Altersstellung zum Vergleich fehlen. Außerdem sind die Berovdol-Schichten durch eine relative Artenarmut ausgezeichnet. Die Flora weist in ihrer Gesamtheit auf Westfal B oder C hin, aber nur zwei der gefundenen Arten gestatten zusätzliche Angaben zur exakteren Einstufung. Mit *Pinakodendron musivum* haben wir eine seltene Art, die aus dem Westfal B und C nachgewiesen ist. *Renaultia schatzlarensis* ist eine aus den Žacléřer Schichten im Becken von Dolný Śląsk bekannte Art, die in den westeuropäischen Becken allerdings bereits in tieferen Horizonten vorkommt. Die Žacléřer Schichten gehören in das Westfal A und B. Das gleichzeitige Auftreten beider Arten verweist also auf Westfal B. Die meisten Arten gehören jedoch sowohl in das Westfal B als auch Westfal C. Westfal A wird für nicht möglich ausgeschlossen.

Da der untere Teil der Chibaovtsi-Schichten in das Westfal B gehört, so kann man — ohne Berücksichtigung der Florenfunde — Westfal B als gesichert ansehen.

Chibaovtsi-Schichten

Die Schichten liegen transgressiv auf den Berovdol-Schichten. Im Hangenden folgen diskordant nicht mehr Schichten des Karbons, sondern der Trias, die nach intensiver Faltung des Liegenden abgelagert wurden.

Die Schichten selbst sind nicht gut aufgeschlossen, so daß auch ihre Flora wenig erforscht ist. Alle früheren Gruben waren bereits stillgelegt, als Verfasser mit seinen Aufsammlungen begann. Aus den seltenen Aufschlüssen und den Forschungsarbeiten der vergangenen Jahre konnte eine kleine Flora zusammengestellt werden, die die stratigraphischen Schlußfolgerungen des Autors bestätigt. Zukünftige weitere Untersuchungen könnten — wie bereits erwähnt — einen wesentlichen Beitrag zur Klärung der paläobotanischen Situation liefern. Hier werden nur die Arten (Anlagen II und III) eingehender behandelt, die die stratigraphische Stellung der Chibaovtsi-Schichten bestätigen. Die übrigen sagen nicht mehr aus, als daß sie unbestritten westfälischen Alters sind.

In der Schichtenfolge sind — jeweils durch Konglomerat-Horizonte getrennt — drei Florengemeinschaften nachgewiesen.

Die erste Assoziation findet sich in den zwischen dem ersten und dem zweiten Konglomerat liegenden Sedimenten. Hierzu gehören die Fundorte 8, 110, 111 und 113. Das Alter dieser Vergesellschaftung bestimmen nachstehend genannte Arten:

— *Sphenophyllum majus* — häufig; massenhaftes Auftreten der Art wird im Westfal B angegeben;
— *Neuropteris scheuchzeri* — erscheint im Westfal B, ist aber auch im Westfal C häufig.

Die übrigen Arten der Gemeinschaft zeigen nur an, daß als wahrscheinlichstes Alter Westfal B bis C in Betracht kommt. *Neuropteris scheuchzeri* läßt Westfal B sicher erscheinen.

Die zweite Assoziation gehört in die Sedimente zwischen dem zweiten und dem dritten Konglomerat. Hierzu gehören die Fundorte 35, 39, 47, 93 und 104. Altersbestimmende Arten sind:

— *Sphenophyllum cuneifolium* — bis Westfal C einschließlich vorkommend;
— *Sphenophyllum trichomatosum* — Westfal B und C;
— *Sphenophyllum myriophyllum* — bekannt aus Westfal B und C;
— die *Lepidostrobus*-Assoziation vom Fundort 35, die von Němejc im Böhmischen Innenbecken (Radnitzer Schichten) als für Westfal C charakteristisch betrachtet wird;
— *Cordaites borassifolius* — neu im Westfal C.

Damit kommt als Alter für diese Assoziation nur das Westfal C in Frage.

Die dritte Assoziation stammt aus den über dem dritten Konglomerat-Horizont einsetzenden Sedimenten und ist von den Fundorten 46 und 101 nachgewiesen. Diese Gemeinschaft wird als Westfal C betrachtet. Die vermutete Zugehörigkeit zum Westfal D (Tenčov 1966) kann vom Artenbestand her nicht aufrecht erhalten werden.

Die Sedimentation der Chibaovtsi-Schichten setzte nach dem Beginn des Westfal B ein, da das unterste Westfal B durch die Berovdol-Schichten repräsentiert wird. Ihre Bildung dauerte bis zum Einsetzen des Westfal D. Die Sedimente über dem zweiten Konglomerat werden in das Westfal C gestellt.

Die Ablagerungen des Karbons von Svoge können mit Hilfe der in ihnen gefundenen Flora relativ exakt datiert werden. Jede Schichtenfolge ließ sich zu einer Stufe stellen. Die Kenntnisse über die fossilen Floren insgesamt sowie über ihre Verteilung im Profil gestatten jedoch nicht, die Grenzen zwischen den einzelnen Stufen festzulegen, obwohl sie in einigen Teilen der Profile in den ununterbrochenen Sedimentationsabfolgen vorliegen müssen. Dies sollte nicht als Schwäche vorliegender Arbeit gewertet werden, sind doch in dieser Hinsicht bisher in keinem der europäischen Karbon-Becken erfolgreiche

Versuche gemacht worden. Das Zusammenfallen der meisten Stufengrenzen im Svoge-Becken mit Erosionshorizonten führt eher zu der Meinung, daß darin zugleich die Unmöglichkeit für eine exaktere Horizontierung begründet liegt, denn man sollte nicht annehmen, daß stratigraphische Grenze und Hiatus zusammenfallen. Man kann das Ganze auch so betrachten, daß die Zeiten, die nicht durch Sedimente belegt sind, sehr lang, die Sedimentationsperioden hingegen sehr kurz gewesen sind, weshalb die Stufengrenzen deutlich mit den Lücken zusammenfallen. Verfasser hält die erstere Interpretation für wahrscheinlicher.

Nach den bisherigen Daten ergibt sich für die Schichtenfolge im Svoge-Karbon die folgende Alterseinstufung:

— Tsarichina-Schichten: Namur A, eventuell auch Namur B;
  Erosionsdiskordanz
— Svidnya-Schichten: Namur C, vielleicht bis zum untersten Westfal A reichend
— Dramsha-Schichten: Unteres Westfal A;
— Svoge-Schichten: Oberes Westfal A;
  Erosionsdiskordanz
— Berovdol-Schichten: Unteres Westfal B;
  Erosionsdiskordanz
— Chibaovtsi-Schichten: Oberes Westfal B und Westfal C
  Zwei kleine Sedimentationslücken unter dem zweiten und dem dritten Konglomerat;
  Erosionsdiskordanz und Faltung.

VIII. BESONDERHEITEN IM BESTAND UND IN DER VERTIKALEN VERBREITUNG DER FOSSILEN FLORA

Die Florenliste aus dem Karbon von Svoge zeigt eine auffallende Artenarmut: in den fünf Schichtenfolgen wurden insgesamt nur 128 Arten nachgewiesen. Von Profilen ähnlichen stratigraphischen Umfangs sind aus den westeuropäischen Becken 600 bis 700 Arten bekannt.

Die im Svoge-Becken gefundenen Arten verteilen sich wie folgt:

Articulata — 40 Arten, ein Bestand, der im Vergleich zu den übrigen Becken nicht als arm angesehen werden kann;

Lepidophyta — 36 Arten, sich damit ebenfalls kaum von den übrigen Becken unterscheidend;

Farne und Farnartige — 39 Arten, die sich wie folgt auf die einzelnen Horizonte verteilen: Tsarichina-Schichten — 15, Svidnya-Schichten — 20; Svoge-Schichten — 13, Berovdol-Schichten — neun, Chibaovtsi-Schichten — neun Arten. Dieser Bestand ist nur als ausgesprochen arm zu bezeichnen.

Als Ursachen für die im Grunde nur an Farnen und Farnartigen arme Flora werden drei Möglichkeiten erwogen.

1. Schlechte Erhaltungsbedingungen. Ein wesentlicher Teil des Karbons von Svoge besteht aus groben Ablagerungen — Sandsteine, Konglomerate, Konglomeratbrekzien und Brekzien, in denen fossile Pflanzen kaum oder überhaupt nicht erhalten bleiben können. Diese groben Ablagerungen überwiegen in den Profilen der Svoge-, Berovdol- und Chibaovtsi-Schichten. In diese drei Folgen, insbesondere in die erste und zweite, sind relativ dünne Argillit-Horizonte eingeschlossen, die über den Kohleflözen liegen. Fast allerorts werden aus solchen Schichten artenreiche Vergesellschaftungen geborgen. Im Svoge-Becken sind diese Schichten aber ausgesprochen artenarm. Der hier angetroffene Individuenreichtum seinerseits steht nun in deutlichem Widerspruch zu den angenommenen schlechten Erhaltungsbedingungen. In den Tsarichina-, Svidnya-,

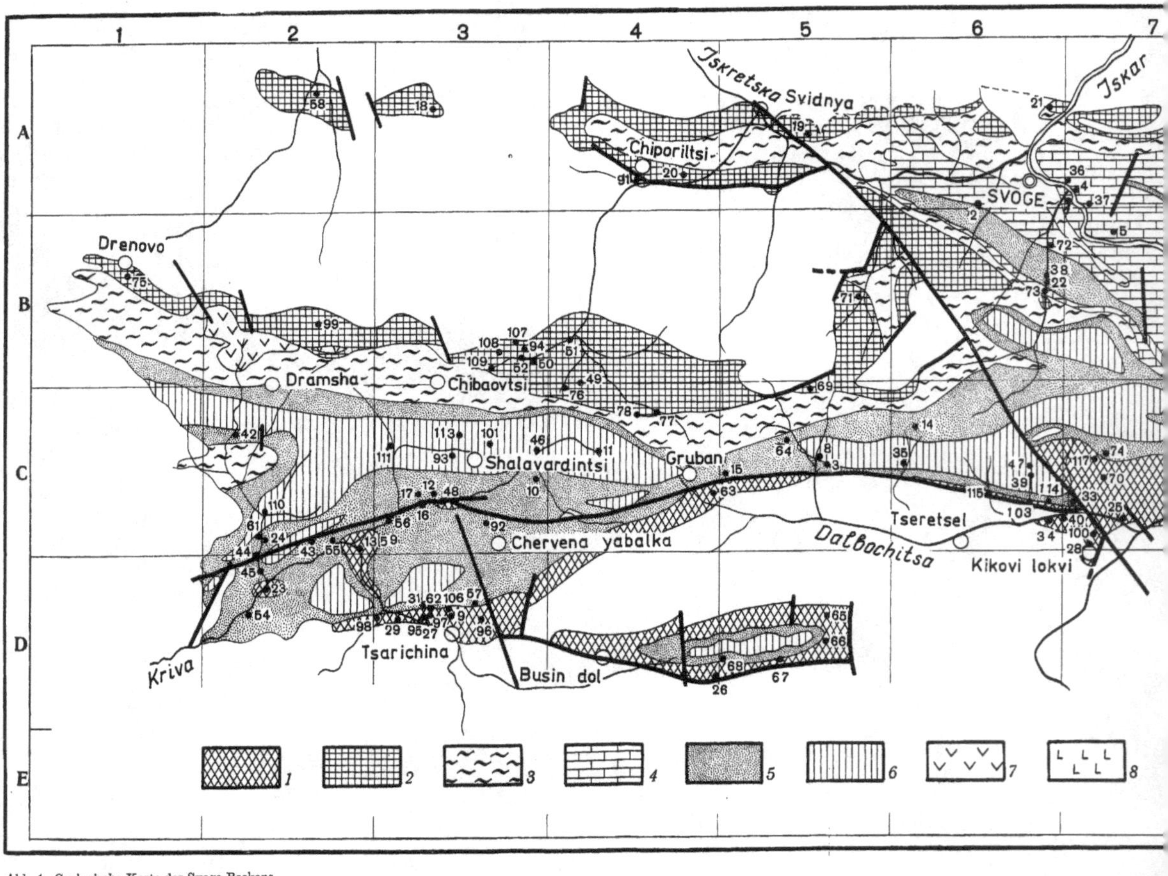

Abb. 1. Geologische Karte des Svoge-Beckens

1 – Tsarichina-Schichten; 2 – Svidnya-Schichten; 3 – Dramsha-Schichten; 4 – Svoge-Schichten; 5 – Berovdol-Schichten; 6 – Chibaovsti-Schichten; 7 – Quarzporphyrite; 8 – Dioritporphyrite; 9 – Störung; 10 – Fundort fossiler Flo

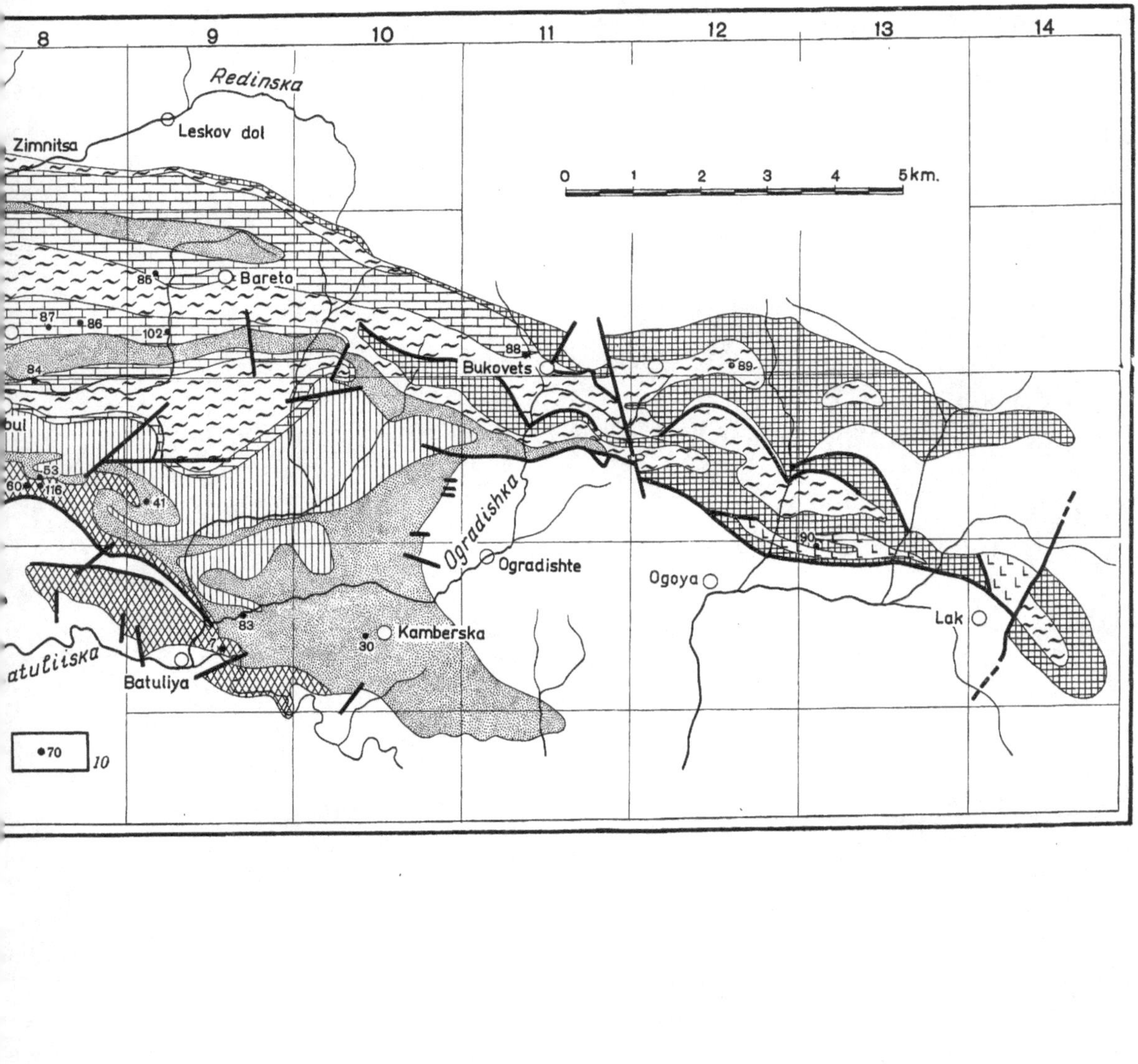
8
9
10
11
12
13
14
Redinska
Leskov dol
Zimnitsa
0 1 2 3 4 5 km.
86
Bareto
87
86
102
84
88
Bukovets
89
53
60
116
41
Ogradishka
Ogradishte
Ogoya
90
Lak
83
30
Kamberska
Batuliya
atuliiska
70
10

Svoge- (in den Fundorten der oberen Assoziation) und in den Chibaovtsi-Schichten fanden sich derartige Individuenanhäufungen, daß eine Artbestimmung nicht mehr möglich war. Aus solchen dünnen Schichten kann man Tausende von Exemplaren sammeln. Trotz sorgfältiger Durchsicht dieser Schichten ist es nicht möglich, einen reicheren Artenbestand an Farnen und Farnartigen vorzulegen. Auf die relativ groben Ablagerungen kann man die spärlichen Funde in den Svoge-, Chibaovtsi- und besonders in den Berovdol-Schichten zurückführen.

2. Geographische Isolierung des Beckens. Charakteristisch für solche isolierten Becken ist das Auftreten zahlreicher Arten, die aus anderen Becken unbekannt sind. In einer ersten Publikation über solche isolierten Becken wird es immer zahlreiche für die Wissenschaft neue Arten geben.

Aus dem Svoge-Becken wird hier eine relativ große Anzahl solcher neuen Arten vorgelegt, die auf die Tsarichina- und Svidnya-Schichten konzentriert sind. Beide Folgen gehören in das Namur. Nun ist diese fossile Flora — mit Ausnahme der Belgischen Becken — in fast allen Horizonten wenig erforscht. Daher kann diese größere Anzahl neuer Arten ebenso auf dem geringen Kenntnisstand wie auf einer geographischen Isolierung beruhen. Außerdem würde sich eine solche Isolierung nicht nur bei den Farnen und Farnartigen, sondern auch bei den anderen Pflanzengruppen widerspiegeln! Damit ist die Artenarmut im Karbon von Svoge nicht einfach eine Folge der geographischen Isolation.

3. Lebensbedingungen im Becken. Auf Grund der Kenntnisse über die fossile Flora in den west- und mitteleuropäischen Becken hat Gothan (1954) die Gattungen *Lyginopteris* und *Lonchopteris* dahingehend charakterisiert, daß sie nur in den paralischen Becken anzutreffen sind, immer in der Nähe oder unmittelbar in den marinen Horizonten. Ihre Ökologie wird dahingehend interpretiert, daß sie keine Meeresspiegelschwankungen vertragen und Salzböden benötigen. Diese beiden Gattungen nun fehlen im Svoge-Becken. Es sei jedoch darauf hingewiesen, daß beide Gattungen in den küstennahen Mooren des paralischen Beckens von Dobrudscha festgestellt wurden.

Weitere diesbezügliche Forschungen sind Verfasser nicht bekannt, demzufolge Hinweise zur Ökologie der anderen Arten in Abhängigkeit von den geographischen Bedingungen fehlen. Daher mögen hier einige nähere Gedanken anschließen.

Im Donezbecken ist das gesamte Karbonprofil vom Liegenden bis zum Hangenden paralisch. Im Namur-Westfal-Abschnitt treten Änderungen im Florenbestand erst im obersten Westfal ein, wobei die große Artenanzahl unabhängig von der Änderung des Artenbestands im Profil relativ konstant bleibt.

Das Becken von Gorný Śląsk/Horní Sleszko und die westeuropäischen Becken sind teils paralisch, teils limnisch. Der untere Teil der Profile — das sind Namur und unteres Westfal — ist paralisch. In diesen Horizonten ist ein großer Artenreichtum zu verzeichnen. So sind allein aus dem Namur A bis C von Belgien etwa 400 Pflanzenarten beschrieben worden. Die oberen Horizonte dieser Becken sind rein limnisch, was auf die Hebung dieser Becken über Meeresniveau hinweist. Hier nimmt der Artenreichtum der Flora beträchtlich ab. Dies kann nicht allein das Ergebnis der Hebung der Becken sein. Die Reduzierung des Artenbestands könnte mit der Änderung der Klimabedingungen in Richtung auf trockenere Verhältnisse verbunden sein, eine Tendenz, die in der Klima-Entwicklung tatsächlich zum Ausdruck kommt. Zum Vergleich mit dem Svoge-Becken wurde der weit ärmere Artenbestand der Innenbecken, die am Rande der Varisziden liegen, herangezogen. Es sind dies das Saar-Becken, die Böhmischen Innenbecken sowie jene Becken auf dem Gebiet der DDR, in denen das obere Westfal vertreten ist. Diese Becken hatten in bezug auf das Meeresniveau eine höhere Lage, da sie im Bereich der sich hebenden, auffaltenden Varisziden liegen. Hier ist der Artenbestand im Vergleich zu den westlichen paralischen Becken bedeutend geringer; letztere sind ihrerseits ärmer als im Donezbecken.

Auffallend ist, daß nicht alle Arten der Farne und Farnartigen gleichmäßig reduziert werden. An erster Stelle bleiben die Arten der Gattung *Pecopteris* zahlreich, es folgen *Neuropteris* und *Alethopteris* — alles grobblättrige Formen. Demgegenüber vermindern sich die Arten der Gattung *Sphenopteris* bedeutend. Erst spät im Stefan vermehrt sie sich wieder mit Arten, deren Blätter wenig tief gefiedert sind. Die Vertreter der ersten zwei Gattungen sind auch im Svoge-Karbon relativ weit verbreitet.

Die Gattung *Alethopteris* spielt im Karbon von Svoge eine besondere Rolle. Von ihr können Hinweise bezüglich der Lebensbedingungen im Becken abgeleitet werden. In den Tsarichina-Schichten ist die Gattung mit drei Arten nachgewiesen, mit jeweils mehreren Exemplaren; in den Svidnya-Schichten sind nur zwei Arten mit zwei bis drei Exemplaren gefunden worden. Diese Arten liegen im selben Niveau wie in den anderen europäischen Becken. Entgegen den Erwartungen, diese beiden Arten des öfteren in den höheren Teilen der Svidnya- oder sogar in den Svoge-Schichten anzutreffen — das ist sonst das Niveau ihrer maximalen Entwicklung — kommen sie stratigraphisch höher hier nicht mehr vor. Ähnlich verhält sich *Zeilleria frenzli*, die häufig in den Svidnya-Schichten vorkommt, in den nächsten Folgen indes verschwindet, während sie in den anderen Becken in diesem Horizont ihre maximale Entwicklung erreicht. In den Chibaovtsi-Schichten wurde noch ein vereinzeltes Exemplar gefunden. *Mariopteris muricata* tritt selten im oberen Teil der Svoge-Schichten auf. Der sonstigen Verbreitung der Art widersprechend, wurde sie in den Berovdol- und Chibaovtsi-Schichten nicht gefunden. Im Karbon der Dobrudscha sind diese Arten in dem für sie üblichen Niveau nachgewiesen. Ihr Verschwinden im Svoge-Karbon oder exakter — ihr unterbrochenes Auftreten in jenen Horizonten, in denen sie für gewöhnlich auftreten müßte —, kann man nur als Ergebnis der verschlechterten Lebensbedingungen zwischen dem Namur C und dem Westfal C deuten.

Die Sedimentation im Karbon von Svoge wird von den Svidnya- zu den Chibaovtsi-Schichten stetig gröber. Die Zunahme grobkörniger und psephitischer Sedimente spricht von steigender Transportkraft des Wassers, was man nur aus einer ständigen Absenkung der Erosionsbasis ableiten kann.

Auf Grund seiner Überlegungen gelangt Verfasser zu der Schlußfolgerung, daß die Karbon-Flora von Svoge einen armen Artenbestand zeigt, weil in diesem Becken schlechtere Lebensbedingungen herrschten als in den westeuropäischen Becken. Diese waren bedingt durch die bedeutend höhere Lage in bezug auf den Meeresspiegel sowie durch die ununterbrochene Hebungstendenz dieses Gebietes.

IX. PALÄOBOTANISCH-PFLANZENPALÄOGEOGRAPHISCHE ANMERKUNGEN

Das euramerische Karbon (als phytostratigraphische Einheit) kann auf Grund der einzelnen Floren in mehrere pflanzengeographische Provinzen gegliedert werden. Es sind dies: die Nordamerikanische, Kanadische, Britische, Westeuropäische, Śląsker und Donez-Becken-Provinz.

Außer den für den gesamten Raum gemeinsamen Arten hat jede Provinz ihre lokalen Arten, die in den anderen Provinzen fehlen oder nur wenig anzutreffen sind. Die geographisch benachbarten Becken zeigen dabei naturgemäß stets eine größere Anzahl gemeinsamer Arten als die geographisch entfernteren. Die Randprovinzen ihrerseits haben Vertreter der benachbarten Floren in ihrem Artenbestand. Die Śląsker und die Westeuropäische Provinz liegen unmittelbar benachbart und haben daher zahlreiche gemeinsame Arten. In diesen beiden Provinzen fehlen, zumindest im Westfal, Vertreter anderer Florengebiete. Die Śląsker Provinz umfaßt die Becken von Gorný Śląsk und

Dolný Śląsk sowie das Becken von Kleinasien (Eregli, Türkei). Zum ersten Mal hat ZEILLER (1899) auf diesen Zusammenhang hingewiesen. GOTHAN (1954) hat die charakteristischen Arten von Śląsk genannt, die auch bei Eregli nachgewiesen wurden. Dabei betonte er besonders, daß die Flora vom Donezbecken weniger Gemeinsamkeiten mit der Flora von Śląsk und Eregli zeigt als die beiden Becken Śląsk—Eregli.

In seiner Arbeit über die Karbon-Flora von Svoge bemerkt HARTUNG (1935), daß das Svoge-Becken nach Lage, stratigraphischem Umfang und Bestand der fossilen Flora den Becken von Śląsk und Eregli gut entspricht. Und tatsächlich ist die Verbindung der Svoge-Flora mit der von Śląsk und Eregli unbestreitbar. Ein Teil der Arten von Śląsk ist auch in Svoge vertreten. Hierzu sei angemerkt, daß die Flora der Dobrudscha, die Verfasser zusammen mit G. KULAKSASOV bearbeitet, mehr Arten mit Śląsk und Eregli gemeinsam hat als das Svoge-Karbon.

Sichere Vertreter der Flora von Śląsk in Svoge sind: *Renaultia schatzlarensis, Zeilleria frenzli, Eleutherophyllum mirabile, Sphenophyllum tenerrimum, Corynepteris pecopteroides* und weitere. An der Svoge-Flora sind außerdem solche Arten beteiligt, die im Śląsker und kleinasiatischen Becken unbekannt sind: *Asterophyllites lycopodioides, A. gothani, Annularia subradiata, Sphenophyllum myriophyllum* — eine Form, die typisch für das Saar-Becken ist —, *Sigillaria brardi, Neuropteris schlehanoides, Hexagonocarpus mosanus* — ebenfalls eine Form aus dem Saar-Becken — *Renaultia acutiloba.* Diese Artengruppen zeigen, daß die Florenverbindungen nach zwei Richtungen gegeben waren: einmal zur Śląsker Provinz (die wenig Verbindung zum Donezbecken zeigt) und zum anderen zur Westeuropäischen Provinz, die eine gute Verbindung mit der Śląsker Provinz hatte. Wenn man die geographische Nähe des Beckens von Svoge zum Areal der Śląsker Provinz betrachtet, dann sollte man erwarten, daß in Svoge nur solche westeuropäischen Formen zu finden sind, die auch aus den Śląsker Becken bekannt sind. Dem ist nun aber nicht so! Es sei versucht, mittels paläogeographischer Rekonstruktionen den Zusammenhang zu klären.

Nach Untersuchung der groben und feinen jungpaläozoischen Ablagerungen und vulkanogenen Gesteine im Bereich des Karpato-Balkanischen Bogens kamen TENČOV & JANEV (1966) zu dem Schluß, daß die Lage des alpinen Karpato-Balkanischen Bogens von der Lage der Varisziden vorbestimmt wurde.

Dieses Ergebnis, das auf einem von der fossilen Flora unabhängen Weg erreicht wurde, kann gut zur Klärung auch der Besonderheiten der Flora von Svoge dienen. Ebenso kann sie zur Deutung der mangelhaften Verbindung zwischen Śląsker und Donez-Provinz verwendet werden. In der beigefügten Karte sind der variszische Karpato-Balkanische Bogen sowie die West-, Mittel- und Osteuropäischen Becken eingetragen. Zur besseren Übersicht sind die Varisziden in Zentral- und Westeuropa sowie die Karbon-Becken von Zentral- und Südfrankreich und der Pyrenäen-Halbinsel nicht eingezeichnet. Es werden ferner die ungefähren und wahrscheinlichen Grenzen der karbonischen Meeresbecken, die um den Karpato-Balkanischen Bogen gelegen haben, eingetragen. Die marinen Ablagerungen der Śląsker Becken sind lange bekannt, in jüngster Zeit wurden sie mittels Bohrungen im Norden der DDR und der VR Polen nachgewiesen. Karbonbildungen fehlen in der UdSSR zwischen den Flüssen Prut und Dnepr, dort werden marine Verhältnisse angenommen. Nur ein weites Meeresbecken kann die schlechte Verbindung zwischen der Flora vom Donezbecken und der Śląsker Provinz erklären. Die Becken von Gorný Śląsk, der Dobrudscha und Kleinasien liegen nördlich der Varisziden, was weder der Zufuhr klastischen Materials noch der Gesamtheit der Flora widerspricht. Das Becken von Dolný Śląsk liegt am Nordabhang der Varisziden, wodurch seine Verbindung zur Flora von Gorný Śląsk behindert war. Das Becken von Svoge liegt am Südhang der Varisziden, wodurch seine Verbindung zur Flora der Śląsker Provinz erschwert wurde, die es außerdem von dem nahegelegenen Becken der Dobrudscha trennten. Die Westeuropäischen Becken hatten sehr wahrscheinlich eine

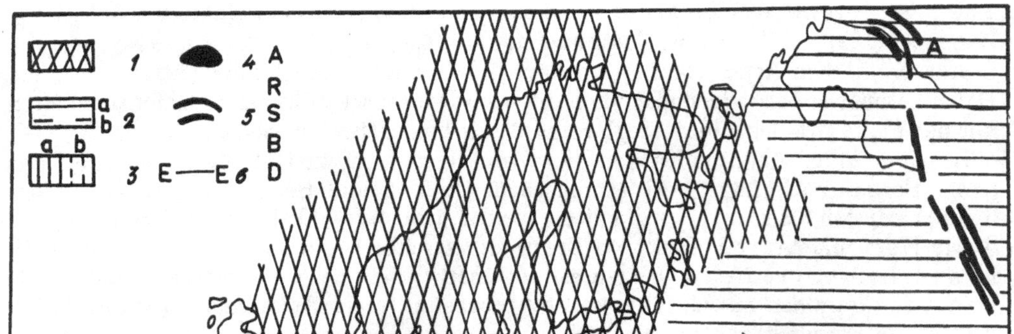

Abb. 2. Paläophytogeographische Karte Europas im Westfal

1 – Fennoskandisches Festland; 2 – marine Sedimentation: a – ununterbrochene, b – zeitweilige Ablagerungen; 3 – paralische und paralimnische Sedimentation: a – ununterbrochene, b – zeitweilige Ablagerungen; 4 – limnische Sedimentation; 5 – Variszisches Gebirge; 6 – Äquator; A – Angara-, R – rheinische, S – silesische, B – böhmische, D – Donez-Flora

offene Verbindung zu den Ebenen (die vor den Bergen lagen) nördlich der Parathetys, zu denen auch die westlichen Teile und der Süden der Balkanhalbinsel gehörte. Bisher ist die Karbon-Flora von Jugoslawien wenig erforscht, so daß auf Vergleiche mit diesen vorerst verzichtet werden muß.

ZUSAMMENFASSUNG

Gegenstand vorliegender Arbeit ist die monographische Beschreibung der im Svoge-Becken (Oberkarbon) in Bulgarien gesammelten Flora.

Der Hauptteil des Materials wurde bei der eingehenden geologischen Spezialkartierung (im Maßstab 1 : 5000) und bei speziellen botanischen Profilbegehungen, die vom Autor durchgeführt wurden, gesammelt. Außerdem wurden die Florenbestimmungen in den vorhandenen Sammlungen, die von früheren Forschern getätigt wurden, einer Revision unterzogen. Die Anzahl der im Svoge-Becken nachgewiesenen Arten erhöhte sich von 66 auf 118.

In Verfolgung der Florenzusammensetzung im oberkarbonischen Profil von Svoge ließen sich zehn verschiedenen Florenassoziationen ausscheiden: in den Tsarichina-Schichten je eine im Namur A und Namur B; in den Svidnya-Schichten eine für das Namur C sowie die Basis des Westfal A; in den Dramsha-Schichten eine, die allerdings ohne nennenswerte Funde ist, in den Svoge-Schichten zwei unterschiedliche für das Westfal A; in den Berovdol-Schichten eine, die in das Westfal B (?) gehört; in den Chibaovtsi-Schichten drei, davon eine für das Westfal B und zwei für das Westfal C.

Die Flora in ihrer Gesamtheit, sowie ihre Veränderungen im Profil wurden analysiert. Im Vergleich zu diesem stratigraphischen Bereich in den westeuropäischen Becken ist die Svoge-Flora, was den Anteil an Arten der Arthrophyta und Lepidophyta (ohne Sigillaria) angeht, gleichwertig, in bezug auf die Farne ist sie jedoch ausgesprochen artenarm, was insbesondere für die Farnartigen zutrifft. Diese Armut kann man mit dem ununterbrochenen Anstieg des Beckens erklären.

Die geographische Verbindung des Svoge-Beckens mit den Becken von Śląsk und Westeuropa wurde durch den Nachweis von Arten, die in diesen beiden Gebieten auftreten, bestätigt.

In den Anlagen sind alle Arten, die bisher für das Svoge-Becken bekannt geworden sind, in ihrer Gesamtheit sowie geordnet nach den Schichtenfolgen und den Fundorten zusammengestellt.

РЕЗЮМЕ

Основен обект на настоящата работа е монографическото описание на фосилната флора събрана от Свогенския басейн в България.

Материалът в основната си част е събран при детайлното геоложко картиране (М = 1 : 5000) и при специални палеоботанически профилирания, проведени от автора. Освен това беха ревизирани определенията на флората в съществуващите сбирки, направени от предишните изследователи. Броят на установените видове в Свогенския карбон нарастна от 66 на 118.

Проследяването на изменението на състава на флората в разреза на Свогенския басейн позволи да се различат 10 флористични асоциации: в Царичинската свита — 1 в намюр А и 1 в намюр В (?); в Свидненската свита — 1 за намюр С + основата на вестфал А; в Дръмшанската свита — 1, практически без флора; в Свогенската свита — 2 във вестфал А; в Беровдолската свита — 1 във вестфал В(?); в Чибаовската свита — 3 — 1 за вестфал В и 2 за вестфал С.

Целостния състав на флората и неговото изменение в разреза е анализирано. В сравнение със същия стратиграфски обхват на европейски басейни, Свогенската флора е равностойна по съдържание на членестостеблени и лепидофити (без сигилариите) а по отношение на папратовите е твърде бедна, особенно по отношение на семенните папратови. Тази бедност е обяснена с непрекъснатото издигане на басейна.

Флористичната връзка на Свогенския басейн със Силезийските и Западноевропейските басейни е потвърдена от наличието на специфични за тези две области видове.

Списъци на цялостния състав на флората от Свогенския басейн, на състава по свити, и на състава по находища са дадени в приложения.

РЕЗЮМЕ

Основным объектом настоящей работы является монографическое описание ископаемой флоры, собранной в Свогенском бассейне (НРБ).

Материал в основной части собран во время геологического картирования (М = 1 : 5000) и при специальных палеоботанических профилированиях, проведенных автором. Кроме того, были ревизированы определения флоры, собранных предыдущими исследователями коллекций. Количество установленных видов в Свогенском карбоне увеличилось с 66 до 118.

Прослеживание изменения состава флоры в разрезе Свогенского бассейна позволило различить 10 флористических ассоциаций: в Царичинской свите-одну в намюре А и одну в намюре В (?); в Свидненской свите-одну для намюра С и основания вестфаля А; в Дрымшанской свите-одну, практически лишенной флоры; в Свогенской свите-две в вестфале А; в Беровдольской свите-одну в вестфале В (?); в Чибаовской свите-одну для вестфаля В и две для вестфаля С.

Свогенская флора хорошо сопоставляется с одновозрастными отложениями других европейских бассейнов по членистостебельным и лепидофитам (за исключением сигиллярий). Она оказывается,.однако, очень бедной папоротниками, в частности семенными папоротниками, что объясняется непрерывным поднятием бассейна.

Флористическая связь Свогенского бассейна с Силезским и западноевропейскими бассейнами подтверждается наличием специфических для этих областей видов.

Списки общего состава флоры Свогенского бассейна, состава по свитам и состава по месторождениям даны в приложениях.

SUMMARY

Main object of the present paper is a monographical description of the fossil flora collected in the Svoge Basin, Bulgaria.

The majority of fossils was collected during detailed geological mapping (in the scale 1 : 5,000) and during specialized palaeobotanical sampling, both executed by the author. Moreover, nearly all determinations of previous workers made on the basis of the existing collections, have been revised. The total number of species determined from Svoge basin was enlarged from 66 to 118.

The analysis of the floral composition changes in the Svoge basin sequence permits to distinguish 10 floristic assemblages: one in Namurian A of the Tsarichina Formation and one in Namurian B(?) of the same formation; one in Namurian C + lowermost Westphalian A of the Svidnya Formation; one in the Dramsha Formation (lower Westphalian A) that is practically without fossil flora; two in Westphalian A of the Svoge Formation; one in Westphalian B(?) of the Berovdol Formation; one in Westphalian B and two in Westphalian C of the Chibaovtsi Formation.

The established composition and its changes in the sequence are analysed. In comparison with the same stratigraphic scope of other European basins the Articulatae and Lepidophyta (Sigillaria excluded) of the Svoge flora are equally represented, but ferns are scarse, especially seed-ferns. This particularity is related to the permanent uplift of the basin.

The floral connection of the Svoge Basin with Silesia and West Europe is confirmed by the presence of species typical of these two regions.

Lists of the established composition of the Svoge flora, of the floral composition of each formation, and of each locality are given as supplements.

RÉSUMÉ

L'objet principal du présent ouvrage est la description monographique de la flore fossile prélevée du bassin de Svoge, en Bulgarie.

Le matériel est recueilli, dans la plus grande partie, au cours du levé géologique détaillé (à l'échelle 1 : 5000) et des recherches paléobotaniques de profil spéciales, effectuées par l'auteur. A part cela, on a révisé les définitions de la flore dans les collections existantes faites par les investigateurs précédents. Le nombre des espèces constatées dans le Carbonifère de Svoge s'accrut de 66 à 118.

L'observation de l'altération de la composition de la flore dans la coupe du bassin de Svoge a permis d'individualiser 10 associations floristiques: dans la formation de Tsarichina — 1 dans le Namurien A et 1 dans le Namurien B (?); dans la formation de Svidnya — 1 pour le Namurien C + la base du Westphalien A; dans la formation de Dramsha — 1, pratiquement sans flore; dans la formation des Svoge — 2 dans le Westphalien A; dans la formation de Berovdol — 1 dans le Westphalien B (?); dans la formation de Chibaovtsi — 3 — 1 pour le Westphalien B et 2 pour le Westphalien C.

La composition totale de la flore et son altération dans la coupe est analysée. En comparaison avec le même domaine stratigraphique des bassins européens, la flore de Svoge est équivalente du point de vue de la teneur des Articulatae et des Lepidophyta (sans les Sigillaria) et très pauvre particulièrement en ce qui concerne les fougères, notamment les fougères séminifères.

Le lien floristique entre le bassin de Svoge et les bassins Silésiens et Ouest-européens est confirmé par la présence d'espèces spécifiques pour ces deux régions.

Les listes de la composition totale de la flore du bassin de Svoge de la composition des formations et de la composition des localités sont données en annexe.

LITERATUR

Andrae, C.: Vorweltliche Pflanzen aus den Steinkohlengebirgen der preussischen Rheinlande und Westfalens. — 1865.

Artis, E. T.: Antediluvian Phytology. — 1825, (engl.).

Bertrand, C. Eg.: Remarques sur le Lepidodendron harcourtii de Witham. — Trav. Mem. Fac. Lille, Lille **II** (1891) 6, (franz.).

Bončev, St.: L'anthracite de la Bulgarie. — Geol. Balk., Sofia **1** (1934) 1, (franz.).

Borsuk, M. O.; Radčenko, G. P.: Nouveau représentant des Autophyllitaceae provenant du bassin de Karaganda. In: Nouvelles espèces d'anciennes plantes et d'invertébrés d'URSS. — VSEGEI, Moskva **I** (1960), (russ.).

Brongniart, A.: Sur la classification et la distribution des végéteaux fossiles en général et ceux des terrains du sédiment supérieur en particulier. — Mus. Hist. Nat., Mem., Paris **8** (1822), (franz.).

— Histoire des végéteaux fossiles. Bd. I, II. — Paris, Amsterdam: 1828—1837, (franz.).

Bronn, H. G.: Lethaea geognostica, oder Abbildung und Beschreibung der für die Gebirgsformationen bezeichnendsten Versteinerungen. Bd. I. — Stuttgart: 1851—1854.

Bureau, E.: Flore fossile de la Basse-Loire. — 1914, (franz.).

Corsin, P.: Pecopteridées du Bassin Houiller de la Saar et de la Lorraine. — 1951, (franz.).

Crookall, R.: The relative Value of Fossil Plants in the Stratigraphy of the Coal-measures. — Mem. Manch. lit. phil. soc., Manchester **76** (1932), (engl.).

— Fossil Plants of the Carboniferous Rocks of Great Britain (Second Section). — Mem. geol. surv. Great Britain, Palaeont., London **IV** (1955—1966), 1—4, (engl.).

Dalinval, A.: Les *Pecopteris* du bassin houiller du Nord de la France. — Et. géol. Atl. Top. sout., H. B. N. P. C., Lille, Flore fossile, **3** (1960), (franz.).

Danzé, J.: Les fougères sphénoptéridiennes du bassin houiller du Nord de la France. — Et. géol. Atl. Top. sout., H. B. N. P. C., Lille, Flore fossile, **2** (1956), (franz.).

Danzé-Corsin, P.: Les *Mariopteris* du Nord de la France. — Et. géol. Atl. Top. sout., H. B. N. P. C., Lille, Flore fossile, **1** (1953), (franz.).

Deltenre, H.: Les sigillaries des Charbonnages de Mariemont. — Inst. géol. Univ. Louvain, Mem., Louvain **III** (1924), (franz.).

Ettingshausen, K.: Die Steinkohlenflora von Radnitz in Böhmen. — Abh. k. k. geol. Reichsanst., Wien II, III (1854).

— Die Farnkräuter der Jetztwelt. — Wien: 1865.

Fossilium Catalogus: II Plantae, Equisetales I—VII, 1914—1927 — Filicales, Pteridospermae, Cycadales. 1—67, 1913—1967.

Geinitz, H. B.: Die Versteinerung der Steinkohlenformation in Sachsen. — Leipzig: 1855.

Germar, E. F.: Die Versteinerungen des Steinkohlengebirges von Wettin und Lobejün. — Halle: 1844—1853. I—VII.

Gothan, W.: Die oberschlesische Steinkohlenflora. — Abh. preuß. geol. Landesanst., N. F., Berlin 75 (1913).

— Die Steinkohlenflora der westlichen paralischen Carbonreviere Deutschlands. — Arb. Inst. Paläobot. Petrogr. Brennst., Berlin **I** (1929) 1; (1931) 2.

— Die Steinkohlenflora der westlichen paralischen Carbonreviere Deutschlands. — Abh. preuß. geol. Landesanst., N. F., Berlin 167 (1935); 196 (1941), (1941 a).

— Paläobotanische Mitteilung der karbonischen Neuropteriden. — Paläont. Mitt., Berlin **22** (1941), (1941 b).

GOTHAN, W.: Die Steinkohlenflora der westlichen paralischen Carbonreviere Deutschlands. 5. — Geol. Jb., Beih., Hannover 10 (1953).
— Pflanzengeographisches aus dem mitteleuropäischen Karbon. — Geologie, Berlin **3** (1954) 3.
— Die Calamitaceae des rheinisch-westfälischen Gebietes mit Ausnahme der Gruppe *Mesocalamites* HIRMER. — Geol. Jb., Beih., Hannover 36 (1959).
GÖPPERT, H. R.: Fossile Flora der Übergangsgebirge. — N. Acta Leop.-Carol., Halle **14** (1852).
GUTBIER, A.: Versteinerungen des Zwickauer Schwartzkohlen-Gebirges. — 1835.
HABERFELNER, E.: Beiträge zur Geologie West-Bulgariens mit besonderer Berücksichtigung der Kohle. — Schr. Geb. Brenstoffgeologie, Stuttgart 8 (1934).
HARTUNG, W.: Flora und Altersstellung des Karbon im Westbalkan. — Palaeontographica, B, Stuttgart **80** (1935).
HARTUNG, W.; GOTHAN, W.: Über eine als *Callipteridium gothani* KRESTEW beschriebene Blattform aus der Oberen Kreide Bulgariens. — Jb. preuß. geol. Landesanst., Berlin **59** (1939).
HAVLENA, V.: Neuropteridy českeho karbonu a permu. — Rozpr. Ústr. úst. geol., Praha **16** (1953), (tschech.).
HELMHACKER, R.: Einige Beiträge zur Kenntniss der Flora des Südrandes der oberschlesisch-polnischen Steinkohlenformation. — Berg- und hüttenmänn. Jb., Wien **22** (1874).
HIRMER, M.: Handbuch der Paläobotanik. — München, Berlin: Verl. R. Oldenbourg 1927.
JONGMANS, W. J.: Anleitung zur Bestimmung der Karbonpflanzen Westeuropas. — Meded. Rijks. v. Delstoffen, Freiberg (Sachsen) **3** (1911).
KIDSTON, R.: On the Fructification of *Zeilleria* (*Sphenopteris*) *delicatula* STERNBERG sp. with Remarks on *Urnatopteris*. — Quart. j. geol. soc. London, London **40** (1884), (engl.).
— On *Neuropteris plicata* STERNBERG and *Neuropteris rectinervis* KIDSTON n. sp. — Trans. roy. soc. Edinburgh, Edinburgh **35** (1888), (engl.).
— Les végéteaux houillers recueilies dans le Hainaut belge. — Mus. Hist. Nat., Mem., Bruxelles **4** (1911), (franz.).
— Fossil Plants from the Scottish Coal Measures. — Trans. roy. soc. Edinburgh, Edinburgh **51** (1916) 22, (engl.).
— Fossil Plants of the Carboniferous Rocks of Great Britain. — Mem. geol. surv., London **II** (1923—1925) 1—6, (engl.).
KIDSTON, R.; JONGMANS, W. J.: A Monograph of the Calamites of Western Europe. — Meded. Rijks. Delstoffen, s'-Gravenhage **7** (1915—1917), (engl.).
KRESTEW, KR.: Über das Karbon des Iskir-Défilés in Bulgarien und seine Altersstellung. — Jb. preuß. geol. Landesanst., Berlin **49** (1928).
LEGGEWIE, W.; SCHONEFELD, W.: Pteridophyten und Pteridospermen der Sprockhöveler Schichten (Magerkohlen), (Namur C). — Palaeontographica, B, Stuttgart **101** (1957).
LEGGEWIE, W.; SCHONEFELD, W.: Die Mesocalamiten der Sprockhöveler Schichten. — Geol. Jb., Beih., Hannover 36 (1959).
LEGGEWIE, W.; SCHONEFELD, W.: Die Flora der *Homoceras*-Zone in den untersten Grenzschichten der Harzkamper Mulde. — Palaeontographica, B, Stuttgart **106** (1960).
LEGGEWIE, W.; SCHONEFELD, W.: Die Calamariaceen der Westfal-Schichten im Ruhrkarbon. — Palaeontographica, B, Stuttgart **109** (1961).
LEISTIKOW, K. U.: Archaeocalamites und Archaeocalamitaceae. — Taxon **8** (1959) 2.
LESQUEREUX, L.: Description of the Coal Flora of the Carboniferous Formation in Pennsylvania and throughout the United States. Vol. I—III. — Harrisburg: 1879—1884, (engl.).
LINDLEY, J.; HUTTON, W.: The Fossil Flora of Great Britain. — London: 1831—1837. 1—3, (engl.).
NĚMEJC, FR.: Paläobotanische Studien im Gebiete des westbulgarischen Permocarbons. — Mitt. geol. Anst. Böhmen und Mähren, **8** (1943).
— Taxonomical Study of the Fructifications of the Calamitaceae collected in the Coal-Districts of Central Bohemia. — Sborn. Nar. Muz. Praze, Praha **9** (1953), 1, (engl.).
— Taxonomical Study of the Strobili of the Lepidodendraceae of the Coal-Districts of Central Bohemia. — Sbor. Nar. Muz., Praze, Praha **10** (1954) 5, (engl.).
NOVIK, E. O. Carboniferous Flora of the European Part of USSR. — Moskva: 1952, (russ.).
POTONIÉ, H.: Die Silur- und die Culm-Flora des Harzes und des Magdeburgischen. — Abh. preuß. geol. Landesanst., N. F., Berlin 36 (1901).
— Abbildungen und Beschreibungen fossiler Pflanzenreste. Lief. I—IX. — Berlin: 1903—1913.

RENAULT, M. B.; ZEILLER, R.: Études sur le terrain houiller de Commentry. II. Flore fossile. Bd. 1, 2. — Paris: 1888—1890, (franz.).

ROEMER, A.: Beiträge zur geologischen Kenntnis des nordwestlichen Harzgebirges. — Palaeontographica, Stuttgart 3 (1850).

SCHLOTHEIM, E. F.: Flora der Vorwelt. — Gotha: 1804. — Die Petrefactenkunde. — Gotha: 1820.

SNIGIREVSKAJA, N. S.: Contribution á la morphologie et l'anatomie de genre Sphenophyllum. — Paleont. Žurn., Moskva, 2 (1959), (russ.).

SPASSOV, CHR.; REMY, W.: Über das Vorkommen von Eleutherophyllum waldenburgense in Bulgarien. — Mber. deutsch. Akad. Wiss. Berlin, Berlin 1 (1959) 6.

STERNBERG, G. K.: Versuch einer geognostisch-botanischen Darstellung der Flora der Vorwelt. — Leipzig, Prag und Regensburg: 1820—1838.

STERZEL, J. T.: Die Karbon- und Rotliegenden-Floren im Großherzogtum Baden. — Mitt. bad. geol. Landesanst., Freiburg i. Br. V (1907) 2.

STOCKMANS, FR.: Les Neuroptéridées des bassins houillers Belges. — Mem. Mus. roy. d'hist. Nat. belg., Bruxelles 57 (1933), (franz.).

STOCKMANS, W.; WILLIÈRE, Y.: Végéteaux namuriens de la Belgique. — Publ. Ass. Étud. Paleont., 13 (1953) Text; (1952) Atlas, (franz.).

— Végéteaux namuriens de la Belgique. II. Assise de Chokier, Zone de Bioul. — Publ. Ass. Étud. Paleont. 23 (1955), (franz.).

— Végéteaux du Westphalien A de la Belgique. Graines, inflorescences et synanges. — Centr. nat. Géol. houil., 4 (1961), (franz.).

STUR, D. v.: Die Culm-Flora des Mährisch-Schlesischen Dachschiefers. — Abh. geol. Reichsanst., Wien (1875).

— Die Culm-Flora. II. Die Ostrauer und Waldenburger Schichten. — Abh. geol. Reichsanst., Wien (1877).

— Die Carbonflora. Zur Morphologie und Systematik der Culm- und Carbon-Farne. — Sitz.-Ber. k. Akad. Wiss., Wien 88 (1883).

— Die Carbonflora der Schatzlarer Schichten. — Abh. geol. Reichsanst., Wien 11 (1885).

TENCHOV, Y.; (TENČOV, J.): Die fossile Karbon-Flora bei der Grube „Berovdol" nahe Svoge. — Trav. géol. Bulgarie, Sér. Paléont., Sofia III (1961), (bulg.).

— *Alloiopteris (Corynepteris) sternbergi* (ETT.) H. POTON., eine neue Art aus dem Oberkarbon von Svoge. — Rev. geol. soc. Bulgaria, Sofia 23 (1962) 1, (bulg.).

— Lithostratigraphy and Structure of the Svoge Carboniferous. — Bull. „Str. Dimitrov" Inst. Geol., Sofia XV (1968), (bulg.).

TENCHOV, Y.; YANEV, SL.: Bezüglich der herzynischen Vorausbestimmung des Karpathobalkanischen Bogens (nach Angaben von Karbon- und Permgesteinen). — VIIIth Congr. Karpatho-Balkan. Geol. Assoc., Beograd 1967.

TOULA, FR.: Geologische Untersuchungen im westlichen Teil des Balkan. V. Ein geologisches Profil von Vraca an den Iskar nach Sofia. — Sitz.-Ber. Akad. Wiss., nat.-math. Kl., Wien 77 (1878).

WEISS, C. E.: Beiträge zur fossilen Flora. Steinkohlen-Calamarien mit besonderer Berücksichtigung ihrer Fruktifikationen. In: Erläuterungen zur geologischen Spezialkarte von Preußen und benachbarten Thüringischen Staat. — Berlin: Preuß. Geol. Landesanst., 1876. II, 1; 1884. V, 2, (1884a).

— Beiträge zur fossilen Flora. III. Atlas Steinkohlen-Calamarien II. — Abh. preuß. geol. Landesanst., Berlin (1884), (1884b).

— Die Sigillarien der preußischen Steinkohlengebiete. I. Die Gruppe der Favularien. — Abh. preuß. geol. Landesanst., Berlin VII (1887) 3.

WEISS, C. E.; STERZEL, I. T.: Die Sigillarien der preußischen Steinkohlengebiete. II. Die Gruppe der Subsigillarien. — Abh. preuß. geol. Landesanst., N. F., Berlin 2 (1893).

WILLIÈRE, Y.: Tableau synoptique des flores Namuriennes Belges. Revision 1958 et conclusions. — C. R. 4 Congr., III 1962, (franz.).

ZALESSKY, M. D.: Végéteaux fossiles du terrain carbonifère du Bassin du Donetz. Lycopodiales. — Mém. Com. Geol., N. S., XIII (1904), (russ.).

— Plantes fossiles de la collection de V. Domherr. — Bull. Com. Geol., XXVI (1907), (russ.).

ZALESSKY, M. D.; TSCHIRKOVA, H.: The Fossil Flora of the Middle Section of the Carboniferous Rocks of the Donetz Basin. — Trans. centr. geol. prosp. Inst., 98 (1938), (russ.).

ZEILLER, R.: Végéteaux fossiles du terrain Houiller de la France. — Expl. Carte géol. Fr., Paris IV (1880), (franz.).
— Bassin Houiller de Valenciennes. Description de la flore fossile. — Ét. git. min. Fr., Paris (1886—1888), (franz.).
— Étude sur la flore fossile du Bassin d'Héraclée. — Mém. soc. géol. Fr., Paris 21 (1899—1902) 8 (1), (franz.).
ZIMMERMANN, F.: Zur Kenntniss von *Eleutherophyllum mirabile* (STERNBERG) STUR (*Equisetites mirabilis* STERNBERG). — Arb. Inst. Paläobot. Petrogr. Brenngest., Berlin II (1930) 1.

Anschrift des Autors:
Dr. geol. Wiss. habil. Y. TENČOV, Geologisches Institut,
BG - Sofia 1113

TAFELERLÄUTERUNGEN

Es wurden die folgenden Sammlungen ausgewertet

Slg. BAW — Sammlung der Bulgarischen Akademie der Wissenschaften, Geologisches Institut

Slg. SU — Sammlung der Universität Sofia, Lehrstuhl für Paläontologie

Slg. Berlin — Sammlung des Museums für Naturkunde an der Humboldt-Universität zu Berlin, Bereich Paläontologisches Museum

Alle Stücke sind in natürlicher Größe abgebildet. Abweichungen sind bei den jeweiligen Abbildungen angegeben.

TAFEL I

Mesocalamites roemeri (GOEPPERT) HIRMER

Bild 1. Tsarichina-Schichten, Fundort 103; Slg. BAW, Nr. 1891

Bild 2. Tsarichina-Schichten, Fundort 103; Slg. BAW, Nr. 1890

Bild 3. Tsarichina-Schichten, Fundort 60; Slg. BAW, Nr. 2129

Bild 4. Steinkern eines jungen Exemplars, Tsarichina-Schichten, Fundort 27; Slg. BAW, Nr. 2008

Mesocalamites cistiiformis (STUR) HIRMER

Bild 5. Tsarichina-Schichten, Fundort 59; Slg. BAW, Nr. 2050

Bild 6. Tsarichina-Schichten, Fundort 103; Slg. BAW, Nr. 1891

1
2
3
4
5
6

TAFEL II

Mesocalamites haueri (STUR) HIRMER

Bild 1. Exemplar mit Astnarben, Tsarichina-Schichten; Fundort 59; BAW, Nr. 2052; Vergr. 0,67 : 1

Bild 2. Tektonisch deformiertes Exemplar, Svidnya-Schichten, Fundort 80; Slg. BAW, Nr. 1417

Mesocalamites tenuis n. sp.

Bild 3. Tsarichina-Schichten, Fundort 59; Slg. BAW, Nr. 1116

Bild 4. Tsarichina-Schichten, Fundort 59; Slg. BAW, Nr. 1117

Bild 5. Holotypus, Tsarichina-Schichten, Fundort 53; Slg. BAW, Nr. 2333

Bild 5a. 2× vergrößerter Ausschnitt von Bild 5

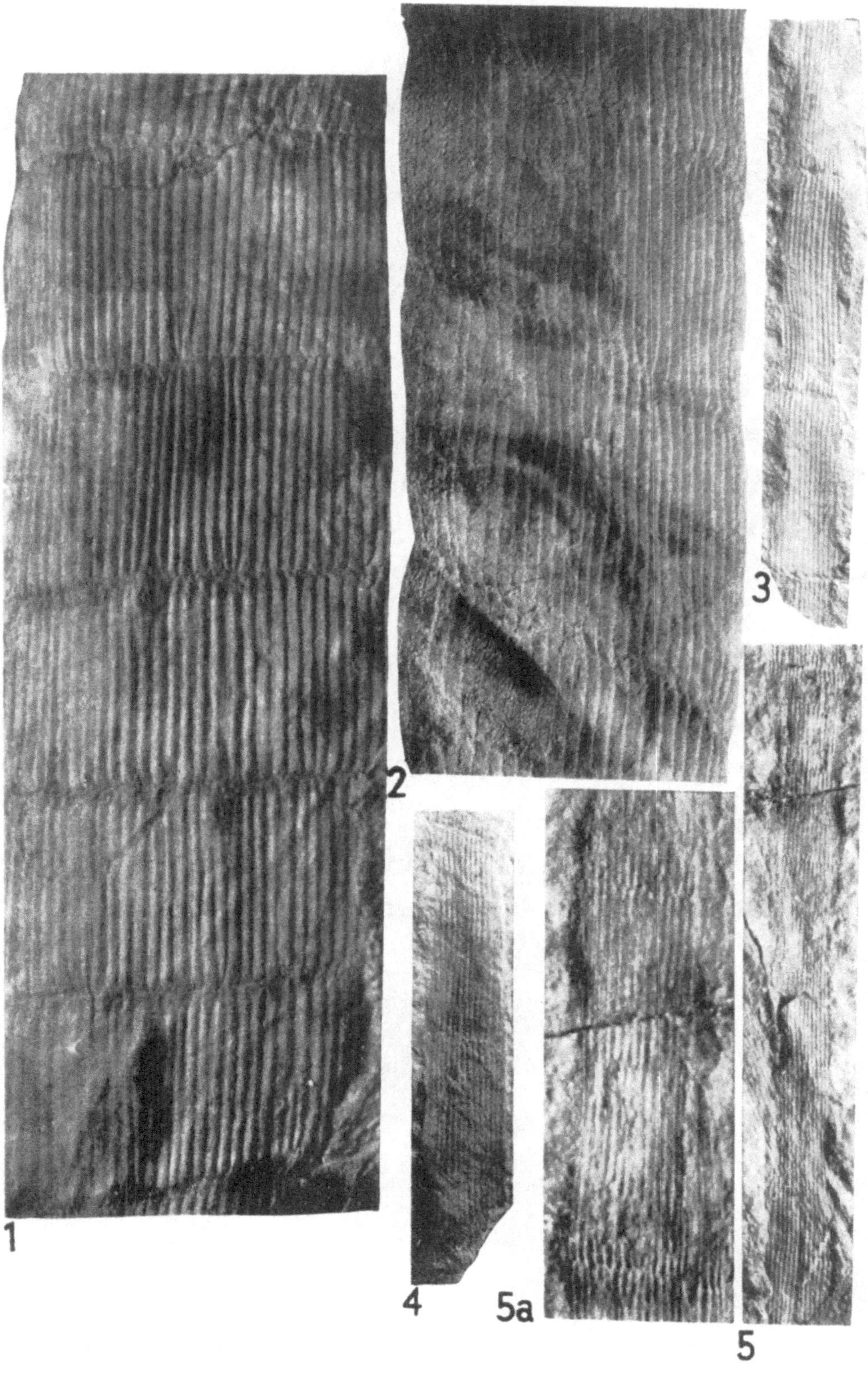
1
2
3
4
5a
5

TAFEL III

Mesocalamites haueri (Stur) Hirmer

Bild 1. Sehr altes Individuum, Tsarichina-Schichten, Fundort 60; Slg. BAW, Nr. 2302

Bild 3. Sehr altes Individuum, Tsarichina-Schichten, Fundort 23; Slg. BAW, Nr. 2007

Mesocalamites tenuis n. sp.

Bild 2. Tsarichina-Schichten, Fundort 53; Slg. BAW, Nr. 2334

Calamites carinatus Sternberg

Bild 4. Svoge-Schichten, Fundort 81; Slg. B'AW, Nr. 1948

Calamites (*Calamitina*) sp.

Bild 5. Berovdol-Schichten, Fundort 33; Slg. BAW, Nr. 69; Vergr. 125 : 1

Calamites undulatus Sternberg

Bild 6. Chibaovtsi-Schichten, Fundort 93; Slg. BAW, Nr. 1579

Bild 7. Svoge-Schichten, Fundort 81; Slg. BAW, Nr. 1448

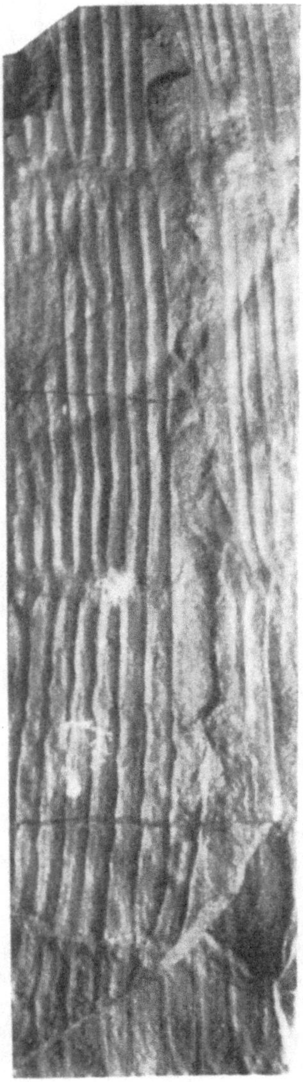
1

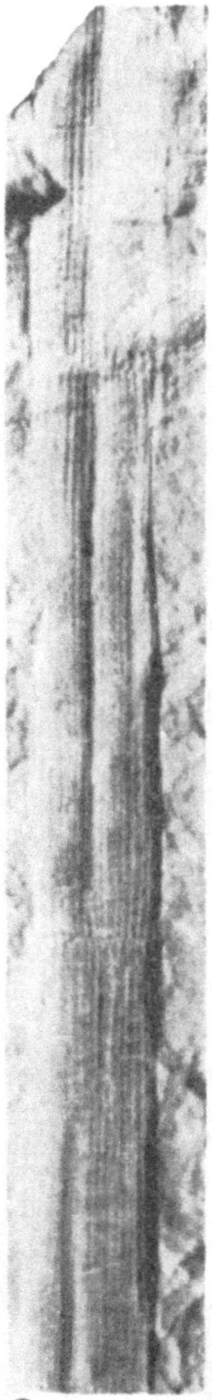
2

3

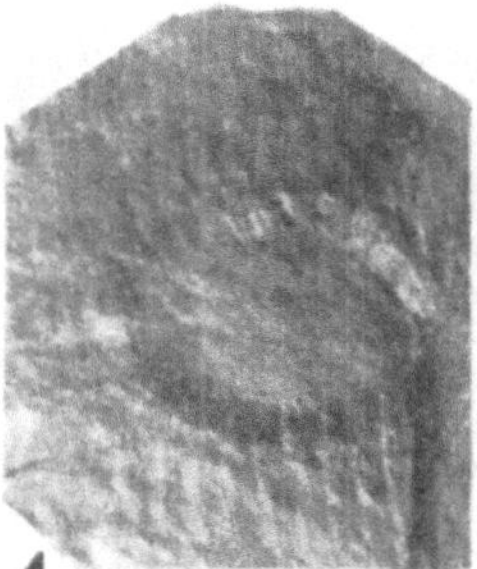
4

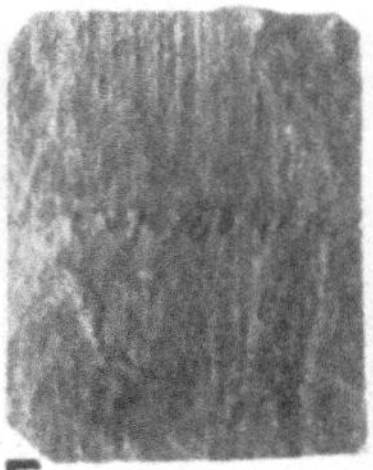
5

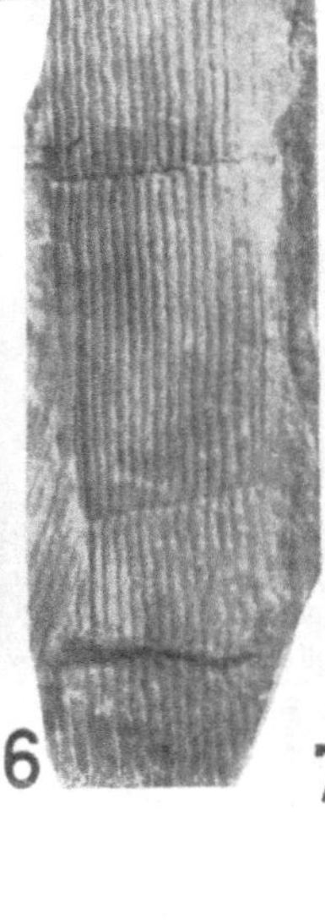
6

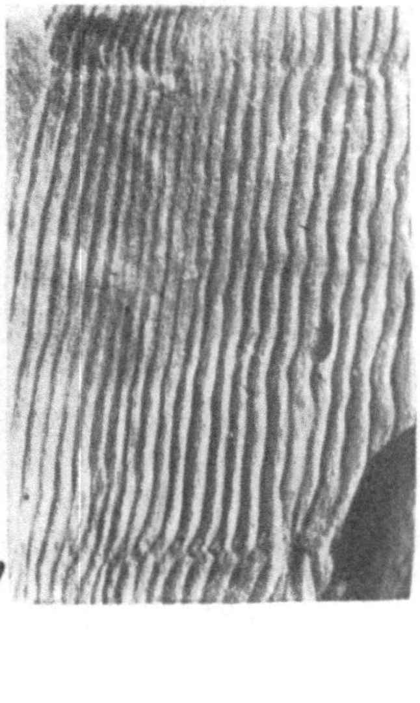
7

TAFEL IV

Mesocalamites approximatiformis (STUR) HIRMER

Bild 1. Tsarichina-Schichten, Fundort 60; Slg. BAW, Nr. 2310

Mesocalamites sp.

Bild 2. Berovdol-Schichten, Fundort 24; Slg. SU, Nr. 27

Calamites sp.

Bild 3. Natürlicher Querschnitt, Svoge-Schichten, Fundort 87; Slg. BAW, Nr. 1488

Asterophyllites charaeformis (STERNBERG) UNGER

Bild 4. Svoge-Schichten, Fundort 82; Slg. BAW, Nr. 1459; Vergr. 3 :1

Bild 5. Svoge-Schichten, Fundort 105; Slg. BAW, Nr. 1926

Asterophyllites grandis (STERNBERG) GEINITZ

Bild 6. Tsarichina-Schichten, Fundort 106; Slg. BAW, Nr. 1963; Vergr. 2 :1

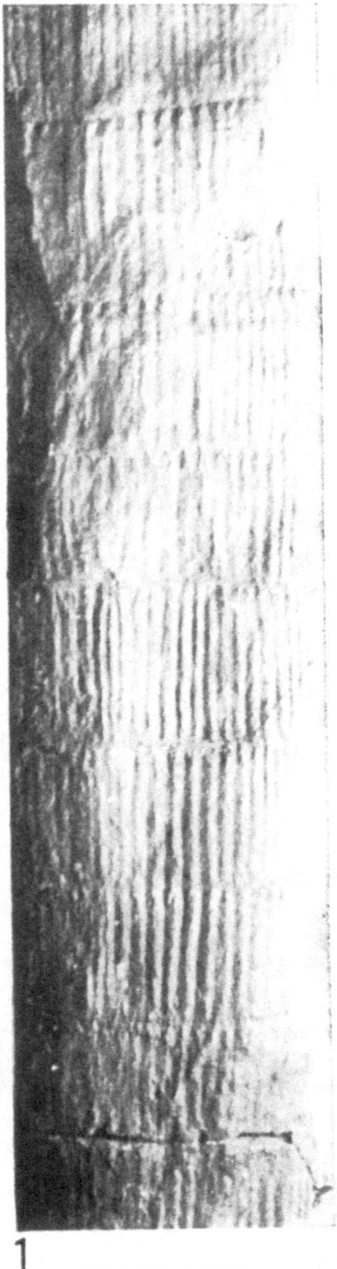

1

2

3

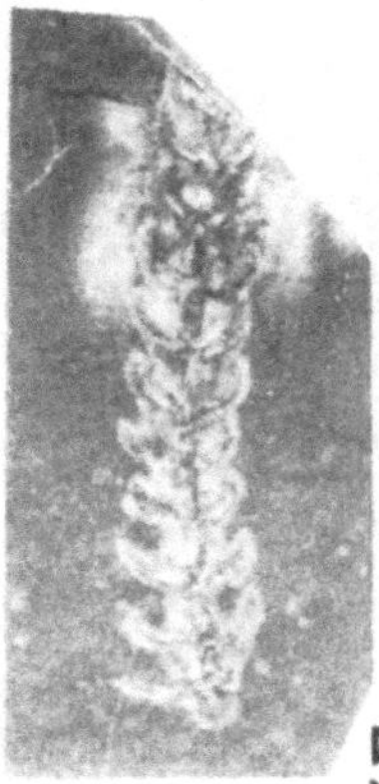

4

5

6

TAFEL V

Calamites undulatus STERNBERG

Bild 1. Svoge-Schichten, Fundort 81; Slg. BAW, Nr. 1451

Calamites suckowi BRONGNIART

Bild 2. Chibaovtsi-Schichten, Fundort 101; Slg. BAW, Nr. 1533

Asterophyllites tenuifolius (STERNBERG) BRONGNIART

Bild 3. Tsarichina-Schichten, Fundort 117; Slg. BAW, Nr. 2362

Bild 4. Svoge-Schichten, Fundort nicht bekannt; Slg. BAW, Nr. 1729

Asterophyllites lycopodioides ZEILLER

Bild 5. Tsarichina-Schichten, Fundort 106; Slg. BAW, Nr. 1978

Bild 6. Svoge-Schichten, Fundort 87; Slg. BAW, Nr. 1876; Vergr. 3 : 1

Asterophyllites longifolius (STERNBERG) BRONGNIART

Bild 7. Die Blättchen sind doppelt so lang wie die Internodien, Chibaovtsi-Schichten, Fundort 8B(?); Slg. SU, Nr. 32

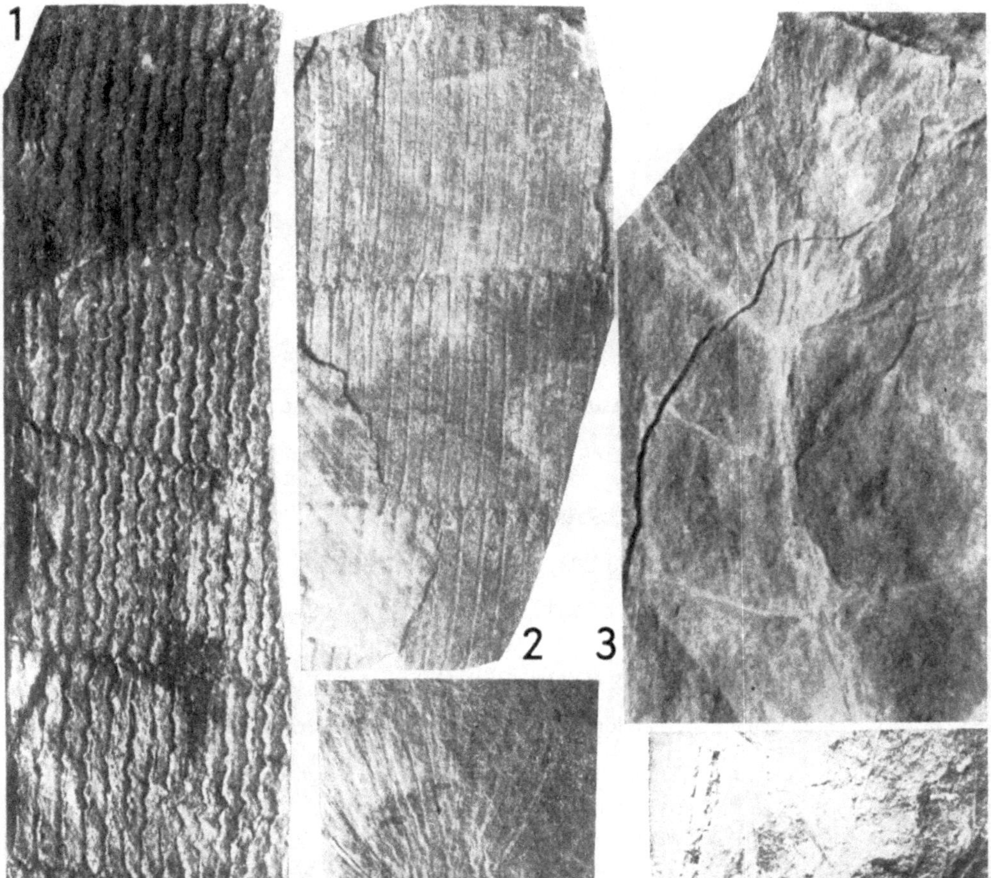

TAFEL VI

Asterophyllites gothani LEGGEWIE & SCHONEFELD

Bild 1. Svidnya-Schichten, Fundort 75; Slg. BAW, Nr. 1332; Vergr. 2 : 1

Bild 3. Svidnya-Schichten, Fundort 108; Slg. BAW, Nr. 2089; Vergr. 3 : 1

Bild 4. Svidnya-Schichten, Fundort 49; Slg. BAW, Nr. 812; Vergr. 2 : 1

Annularia radiata (BRONGNIART) STERNBERG

Bild 2. Chibaovtsi-Schichten, Fundort 93; Slg. BAW, Nr. 1526

Bild 5. Berovdol-Schichten, Fundort 31; Slg. BAW, Nr. 2135; Vergr. 3 : 1

Annularia subradiata STOCKMANS & WILLIÈRE

Bild 6. Tsarichina-Schichten, Fundort 57; Slg. BAW, Nr. 993; Vergr. 3 : 1

Bild 7. Svidnya-Schichten, Fundort 49; Slg. BAW, Nr. 817; Vergr. 3 : 1

Calamostachys paniculata WEISS

Bild 8. Svidnya-Schichten, Fundort 49; Slg. BAW, Nr. 820; Vergr. 3 : 1

Bild 9. Chibaovtsi-Schichten, Fundort 8; Slg. Berlin, leg. HARTUNG; Vergr. 4 : 1

Calamariophyllum tsarichinense n. sp.

Bild 10. Holotypus, Tsarichina-Schichten, Fundort 97; Slg. BAW, Nr. 1684

Palaeostachya ettingshauseni KIDSTON

Bild 11. Svidnya-Schichten, Fundort 58; Slg. BAW, Nr. 1501

Bild 11a. 3× vergrößerter Ausschnitt von Bild 11

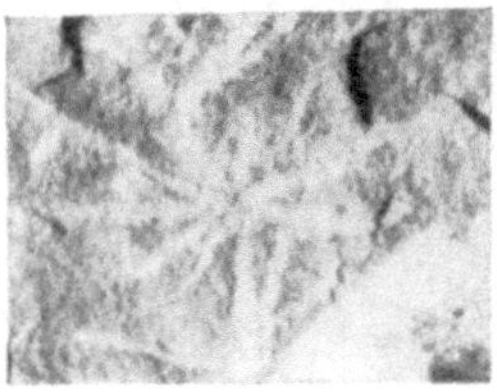
1

4

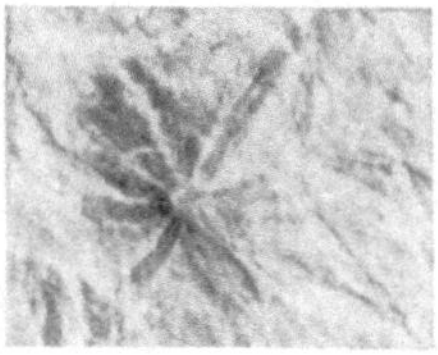
2

3

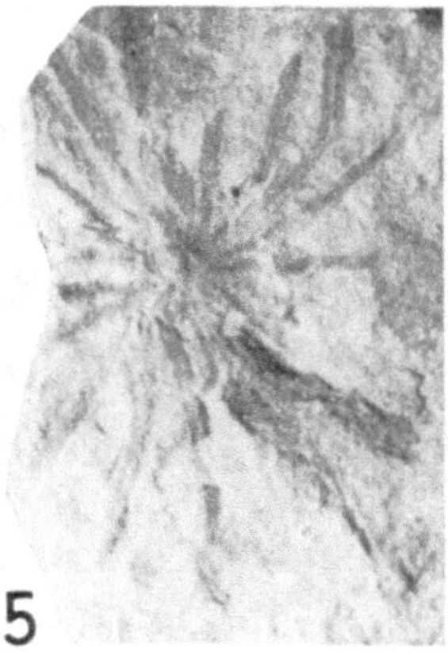
5

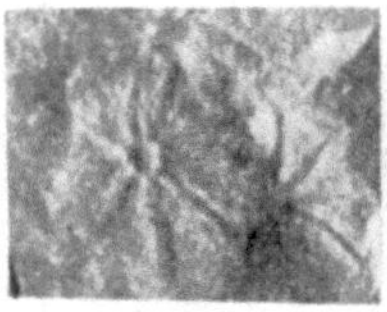
6

8

9

11a

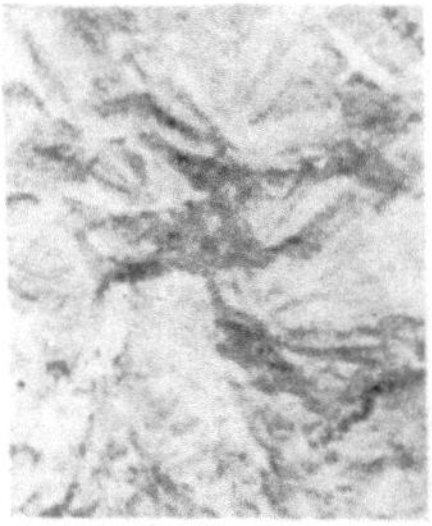
7

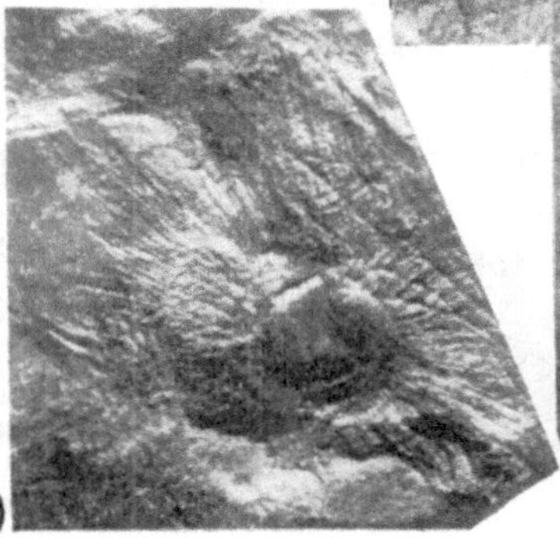
10

11

TAFEL VII

Sphenasterophyllites cyril-methodii n. sp.

Bild 1. Holotypus, Svoge-Schichten, Fundort 81; Slg. BAW, Nr. 1949

Sphenasterophyllites longifolius n. sp.

Bild 2. Holotypus, Tsarichina-Schichten, Fundort 103; Slg. BAW, Nr. 2076

Bild 3. Tsarichina-Schichten, Fundort 117; Slg. BAW, Nr. 2355

Bild 4. Tsarichina-Schichten, Fundort 103; Slg. BAW, Nr. 2077

Sphenophyllum amplum KIDSTON

Bild 5. Svidnya-Schichten, Fundort 109; Slg. BAW, Nr. 1996

Sphenophyllum tenerrimum ETTINGSHAUSEN

Bild 6. Tsarichina-Schichten, Fundort 62; Slg. BAW, Nr. 1176

Bild 7. Tsarichina-Schichten, Fundort 40; Slg. BAW, Nr. 1221; Vergr. 3 : 1

Bild 11. Tsarichina-Schichten, Fundort unbekannt; Slg. BAW, ohne Nr.; Vergr. 3 : 1 in Alkohol

Myriophyllites gracilis ARTIS

Bild 8. Svoge-Schichten, Fundort 5; Slg. SU, Nr. 116 (Exemplar von HARTUNG)

Sphenophyllum nemejci n. sp.

Bild 9. Tsarichina-Schichten, Fundort 106; Slg. BAW, Nr. 1956

Bild 10. Holotypus, Tsarichina-Schichten, Fundort 103; Slg. BAW, Nr. 2075; Vergr. 4 : 1 in Alkohol

Bild 12. Tsarichina-Schichten, Fundort 106; Slg. BAW, Nr. 1957

Bild 13. Tsarichina-Schichten, Fundort 95; Slg. BAW, Nr. 1668

Bild 13a. 3 × vergrößerter Ausschnitt von Bild 13

Pinnularia capillacea LINDLEY & HUTTON

Bild 14. Chibaovtsi-Schichten, Fundort 93; Slg. BAW, Nr. 1517

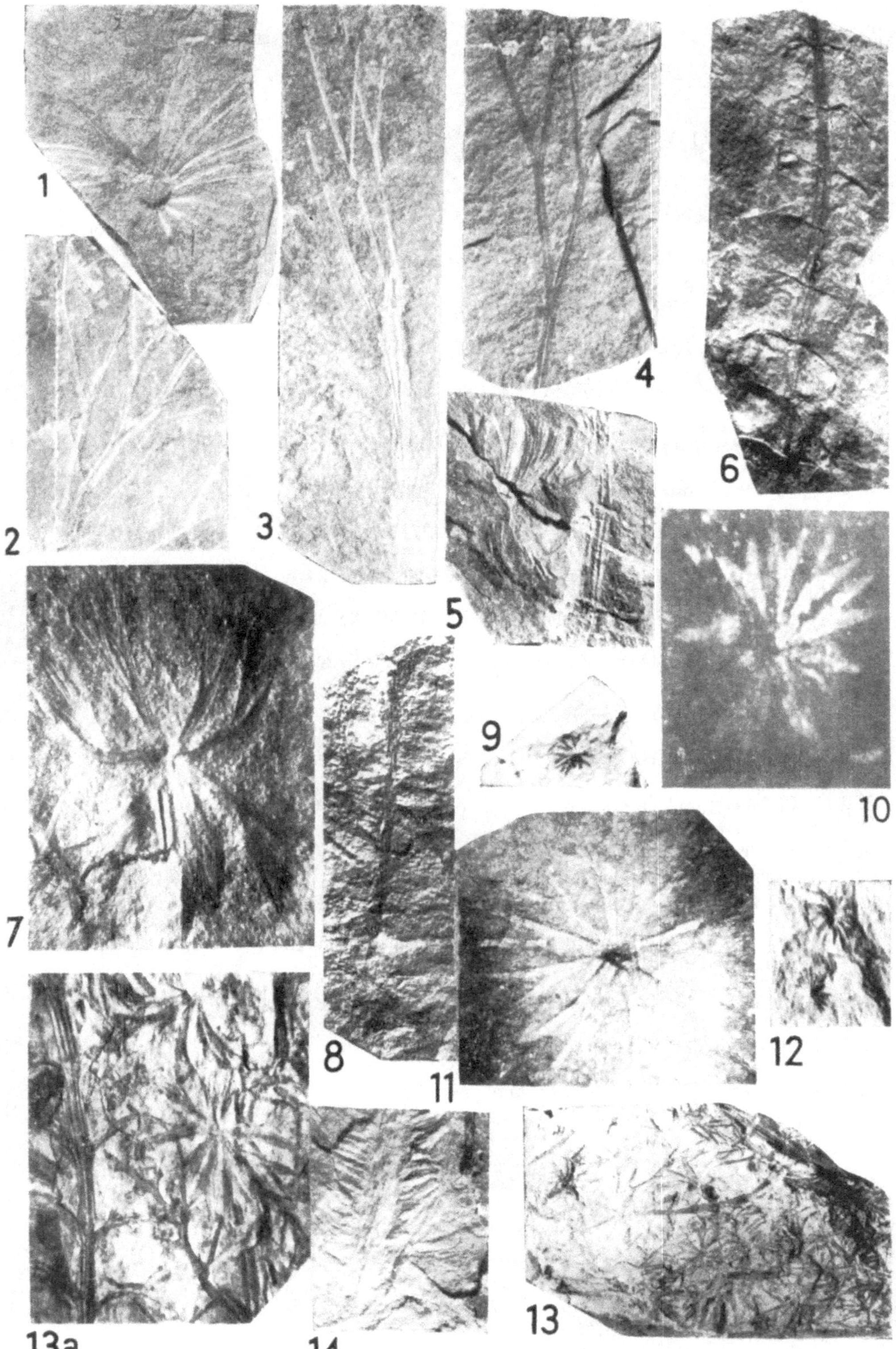
1
2
3
4
5
6
7
8
9
10
11
12
13
13a
14

TAFEL VIII

Sphenophyllum trichomatosum Stur

Bild 1. Chibaovtsi-Schichten, Fundort 47; Slg. BAW, Nr. 2373

Bild 2. Chibaovtsi-Schichten, Fundort 47; Slg. BAW, Nr. 2374

Bild 4. Chibaovtsi-Schichten, Fundort 47; Slg. BAW, Nr. 3268

Bild 5. Chibaovtsi-Schichten, Fundort 47; Slg. BAW, Nr. 2365

Sphenophyllum cuneifolium (Sternberg) Zeiller

Bild 3. Chibaovtsi-Schichten, Fundort 93; Slg. BAW, Nr. 1573; Vergr. 3 : 1

Bild 6. Svidnya-Schichten, Fundort 90; Slg. BAW, Nr. 1504

Bild 7. Chibaovtsi-Schichten, Fundort 113; Slg. BAW, Nr. 2475

Bild 8. Chibaovtsi-Schichten, Fundort 111; Slg. BAW, Nr. 2517

Bild 14. Chibaovtsi-Schichten, Fundort 113; Slg. BAW, Nr. 2434

Sphenophyllum majus (Bronn) Bronn

Bild 9. Chibaovtsi-Schichten, Fundort 113; Slg. BAW, Nr. 2438

Bild 10. Chibaovtsi-Schichten, Fundort 110; Slg. BAW, Nr. 2562

Bild 12. Chibaovtsi-Schichten, Fundort 113; Slg. BAW, Nr. 2436

Sphenophyllostachys tenerrimus (Helmhacker) Stockmans & Willière

Bild 11. Tsarichina-Schichten, Fundort 97; Slg. BAW, Nr. 2074; Vergr. 3 : 1

Sphenophyllum myriophyllum Crepin

Bild 13. Schichten und Fundort unbekannt; Slg. SU, Nr. 9

Bild 15. Schichten und Fundort unbekannt; Slg. SU, Nr. 8

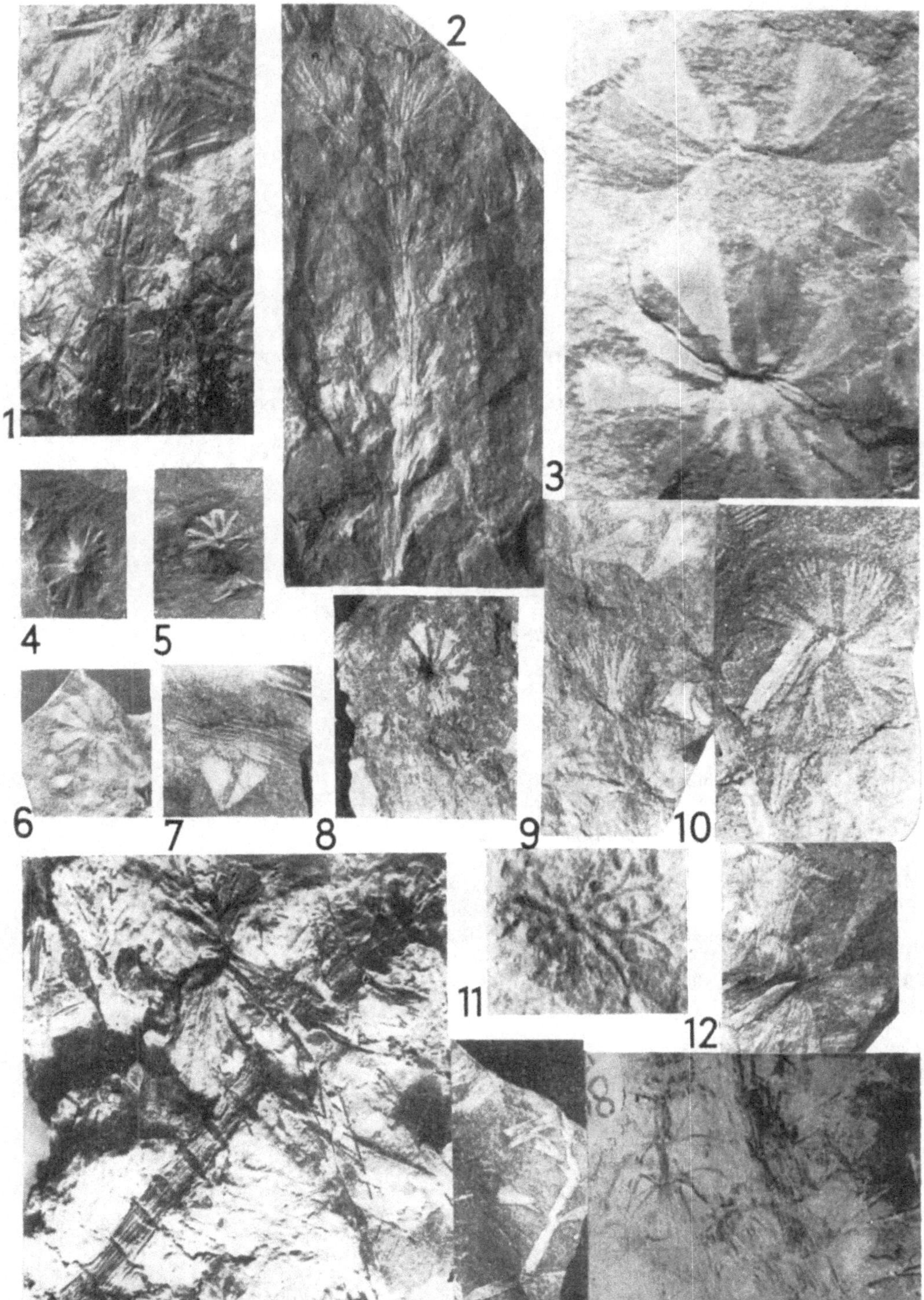
1
2
3
4
5
6
7
8
9
10
11
12
13
14
15

TAFEL IX

Sphenophyllostachys tenerrimus (Helmhacker) Stockmans & Willière

Bild 1. Tsarichina-Schichten, Fundort 27; Slg. BAW, Nr. 2009; Vergr. 6 : 1

Bild 2. Tsarichina-Schichten, Fundort 97; Slg. BAW, Nr. 1677; Vergr. 3 : 1

Bild 2a. 6× vergrößerter Ausschnitt von Bild 2

Eleutherophyllum mirabile (Sternberg) Stur

Bild 3. Tsarichina-Schichten, Fundort 28; Slg. BAW, Nr. 629

Bild 4. Tsarichina-Schichten, Fundort 28; Slg. SU, ohne Nr.; Vergr. 1,5 : 1

Lepidodendron lycopodioides Sternberg

Bild 5. Berovdol-Schichten, Fundort 17

Bild 6. Chibaovtsi-Schichten, Fundort 46

Lepidodendron aculeatum Sternberg

Bild 7. Tsarichina-Schichten, Fundort 59; Slg. BAW, Nr. 1166

Lepidodendron zigzagum n. sp.

Bild 8. Holotypus, Tsarichina-Schichten, Fundort 59; Slg. BAW, Nr. 1513

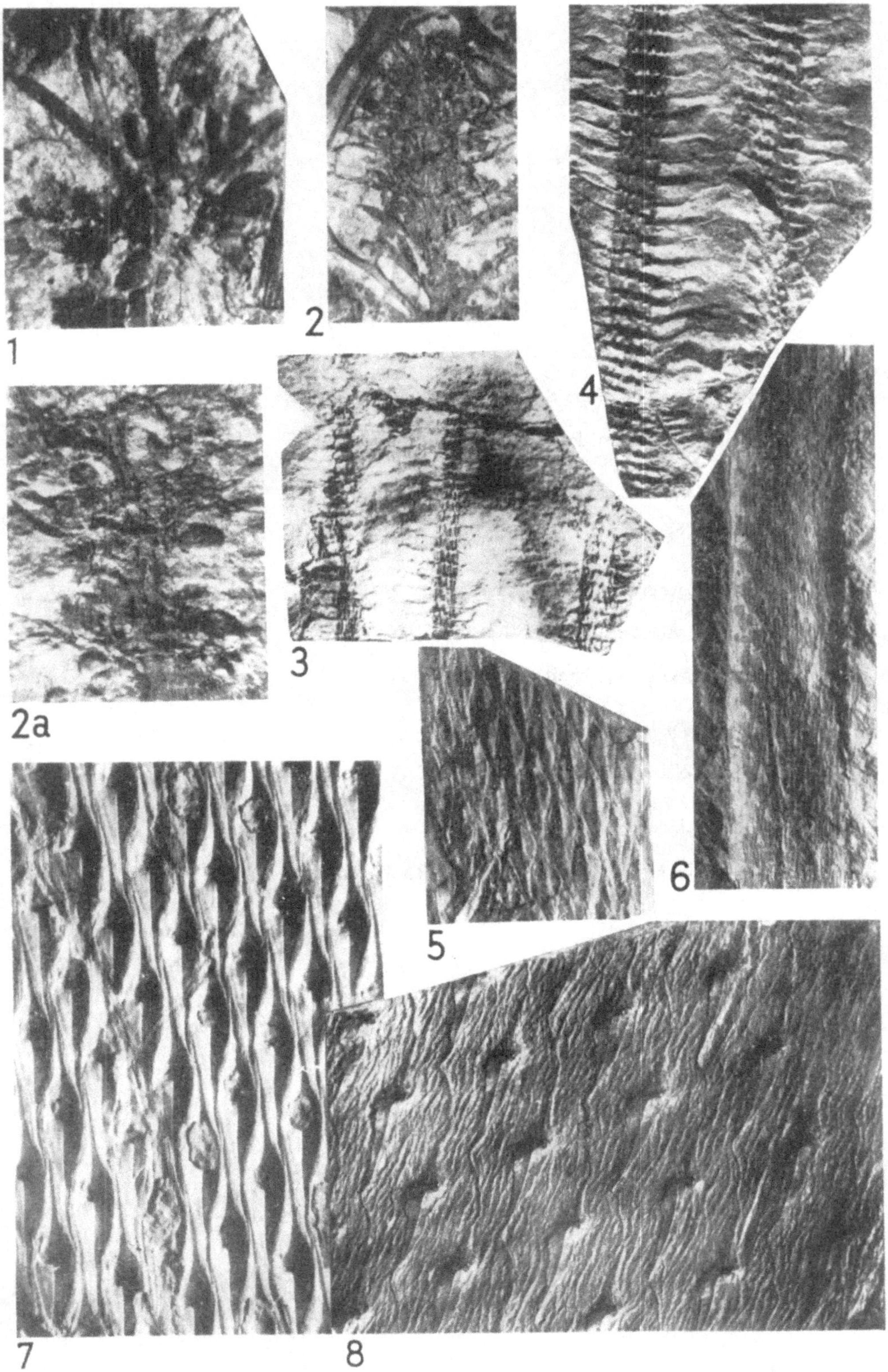
1
2
2a
3
4
5
6
7
8

TAFEL X

Lepidodendron sturi n. sp.

Bild 1. Holotypus, Tsarichina-Schichten, Fundort 59; Slg. BAW, Nr. 1165

Bild 2. Tsarichina-Schichten, Fundort 68; Slg. BAW, Nr. 1205

Lepidodendron obovatum STERNBERG

Bild 3. Tsarichina-Schichten, Fundort 59; Slg. BAW, Nr. 1127

Pinakodendron musivum WEISS

Bild 4. Berovdol-Schichten, Fundort 15; Slg. SU, Nr. 68

Bild 4a. 3× vergrößerter Ausschnitt von Bild 4

Lepidodendron aculeatum STERNBERG

Bild 5. Tsarichina-Schichten, Fundort 59; Slg. BAW, Nr. 1166

Ulodendron majus LINDLEY & HUTTON

Bild 6. Tsarichina-Schichten, Fundort 59; Slg. BAW, Nr. 2071

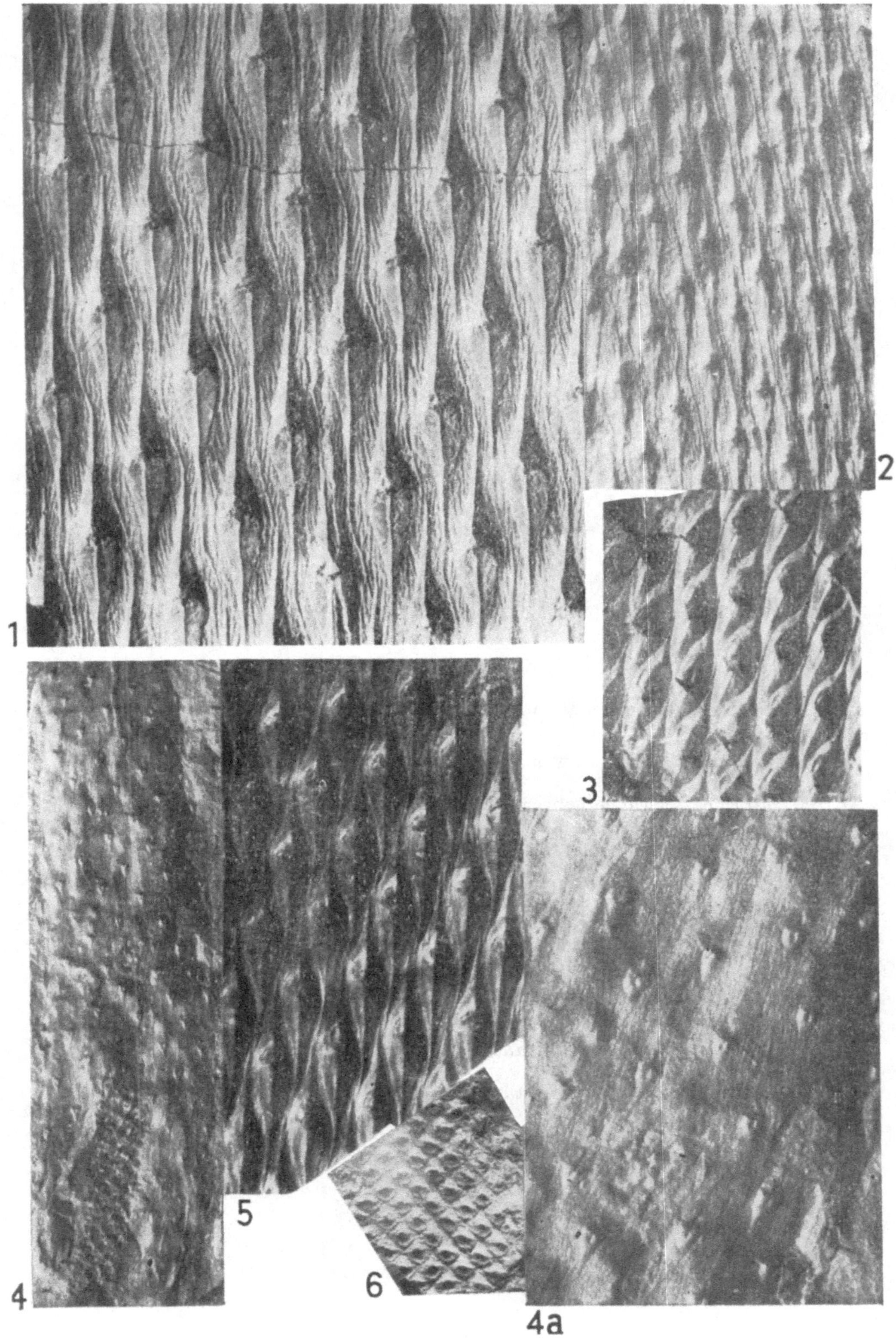
1
2
3
4
5
6
4a

TAFEL XI

Ulodendron majus Lindley & Hutton

Bild 1. Tsarichina-Schichten, Fundort 59; Slg. BAW, Nr. 2046

Bild 6. Tsarichina-Schichten, Fundort 59; Slg. BAW, Nr. 2070; Vergr. 2 : 1

Lepidophloios laricinus (Sternberg) Sternberg

Bild 2. Tsarichina-Schichten, Fundort 27; Slg. BAW, Nr. 2003

Bild 4. Berovdol-Schichten, Fundort 92; Slg. BAW, Nr. 1510

Bild 10. Tsarichina-Schichten, Fundort 27; Slg. BAW, Nr. 2001

Lepidophylloides nervosus (Hartung) n. comb.

Bild 3. Tsarichina-Schichten, Fundort 59; Slg. BAW, Nr. 1731

Bild 5. Tsarichina-Schichten, Fundort 59; Slg. BAW, Nr. 1731; Vergr. 3 : 1

Lepidostrobophyllum lanceolatum (Lindley & Hutton) Hirmer

Bild 7. Fundhorizont und Fundort unbekannt; Slg. SU, ohne Nr.

Lepidodendron sturi n. sp.

Bild 8. Tsarichina-Schichten, Fundort 59; Slg. BAW, Nr. 1149

Lepidophylloides sp.

Bild 9. Chibaovtsi-Schichten, Fundort 104; Slg. BAW, Nr. 1916

Lepidostrobus obovatus Renier

Bild 11. Chibaovtsi-Schichten, Fundort 35; Slg. BAW, Nr. 180

Lepidostrobus meunieri Renault & Zeiller

Bild 12. Chibaovtsi-Schichten, Fundort 35; Slg. BAW, Nr. 982

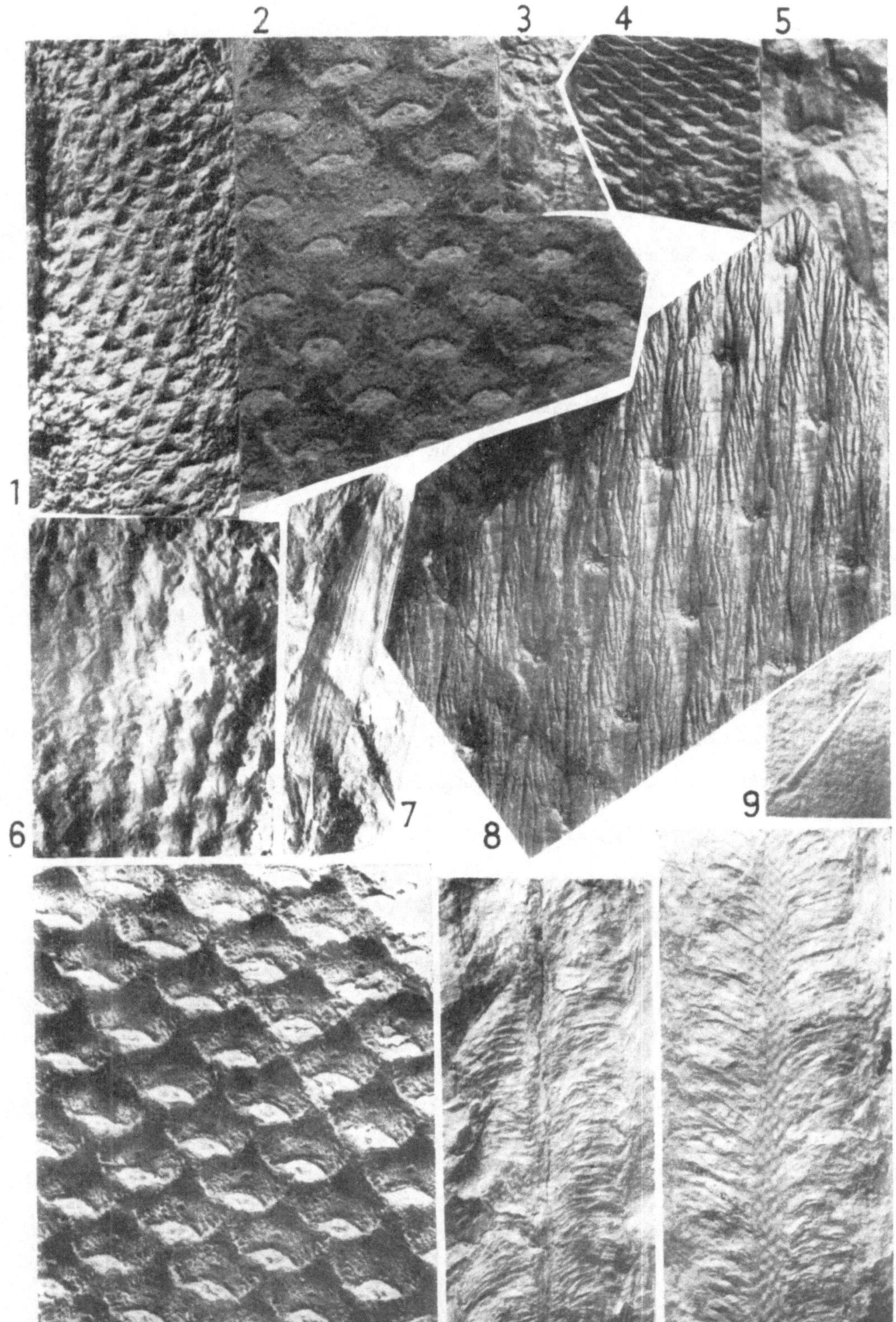
2
3
4
5
1
6
7
8
9
10
11
12

TAFEL XII

Lepidostrobus kidstoni Zalessky

Bild 1. Chibaovtsi-Schichten, Fundort 35; Slg. BAW, Nr. 184

Sigillaria mamillaria Brongniart

Bild 2. Svoge-Schichten, Fundort 5; Slg. SU, Nr. 91

Sigillaria elegans (Sternberg) Brongniart

Bild 3. Svoge-Schichten, Fundort 5; Slg. SU, Nr. 89

Bild 6. Svoge-Schichten, Fundort 5; Slg. SU, Nr. 90

Lepidostrobophyllum lanceolatum (Lindley & Hutton) Hirmer f. *bombatum* n. f.

Bild 4. Holotypus, Tsarichina-Schichten, Fundort 103; Slg. BAW, Nr. 2082

Lepidostrobophyllum majus (Brongniart) Hirmer

Bild 5. Chibaovtsi-Schichten, Fundort 93; Slg. BAW, Nr. 1528

Sigillaria polyploca Boulay var. *bulgarica* Gothan & Krestew

Bild 7. Original von Krestew, Svoge-Schichten, Fundort 5; Slg. SU, Nr. 94

Lepidostrobus kidstoni Zalessky

Bild 8. Chibaovtsi-Schichten, Fundort 35; Slg. BAW, Nr. 184

Lepidostrobus squarosus Kidston

Bild 9. Tsarichina-Schichten, Fundort 59; Slg. BAW, Nr. 2812

Lepidostrobus ornatus Brongniart

Bild 10. Fundhorizont und Fundort unbekannt; Slg. SU, Nr. 70

1
2
3
4
5
6
7
8
9
10

TAFEL XIII

Sigillaria brardi (BRONGNIART) BRONGNIART

Bild 1. Chibaovtsi-Schichten, Fundort 35; Slg. BAW, Nr. 194

Bild 1a. 3× vergrößerter Ausschnitt von Bild 1

Sigillaria schlotheimiana BRONGNIART

Bild 2. Svoge-Schichten, Fundort 5; Slg. SU, Nr. 93

Cyperites svogense n. sp.

Bild 3. Holotypus-Serie, Svoge-Schichten, Fundort 4; Slg. SU, Nr. 105

Sigillaria elongata BRONGNIART

Bild 4. Chibaovtsi-Schichten, Fundort 110; Slg. BAW, Nr. 2560

Sigillaria polyploca BOULAY var. *bulgarica* GOTHAN & KRESTEW

Bild 5. Original von KRESTEW, Svoge-Schichten, Fundort 5; Slg. SU, Nr. 91

Sigillaria st. bončevi HARTUNG

Bild 6. Original von HARTUNG, Svoge-Schichten, Fundort 5; Slg. Berlin, leg. HARTUNG

Bild 6a. 2× vergrößerter Ausschnitt von Bild 6

Bild 6b. 4× vergrößerter Ausschnitt von Bild 6

1
1a
2
3
4
5
6
6a
6b

TAFEL XIV

Syringodendron sp.

Bild 1. Chibaovtsi-Schichten, Fundort 11; Slg. SU, Nr. 104

Stigmaria ficoides (Sternberg) Brongniart

Bild 2. Tsarichina-Schichten, Fundort 40; Slg. BAW, Nr. 1723

Sigillaria brardi (Brongniart) Brongniart

Bild 3. Chibaovtsi-Schichten, Fundort 35; Slg. BAW, Nr. 195

Corynepteris angustissima (Sternberg) Němejc

Bild 4. Fundhorizont und Fundort unbekannt; Slg. SU, ohne Nr.

Bild 5. Fundhorizont und Fundort unbekannt; Slg. SU, ohne Nr.

Corynepteris pecopteroides Gothan

Bild 6. Chibaovtsi-Schichten, Fundort 101; Slg. BAW, Nr. 1943; Vergr. 1,5 : 1

Bild 6a. 3× vergrößterter Ausschnitt von Bild 6

Crossotheca schatzlarensis (Stur) Kidston

Bild 7. Svoge-Schichten, Fundort 5; Slg. Berlin, leg. Hartung; Vergr. 4 : 1

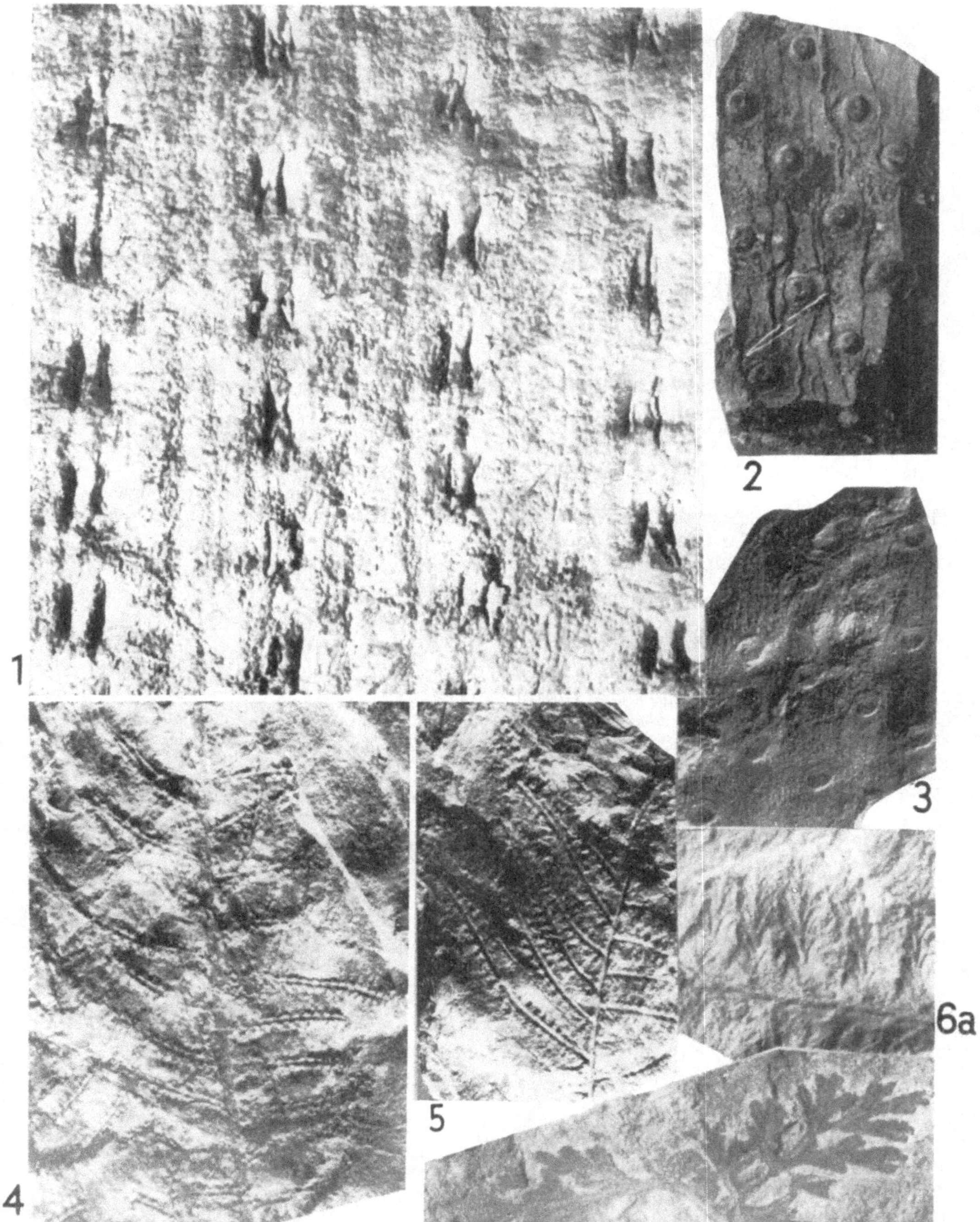
1
2
3
6a
4
5
6
7

TAFEL XV

Zeilleria moravica (ETTINGSHAUSEN) BOUREAU

Bild 1. Tsarichina-Schichten, Fundort 57; Slg. BAW, Nr. 1030

Bild 2. Tsarichina-Schichten, Fundort 53; Slg. BAW, Nr. 2335; Vergr. 2 : 1

Bild 3. Tsarichina-Schichten; Fundort 8; Slg. Berlin, leg. HARTUNG (bezeichnet als *Sphenopteris* aff. *sewardi* KIDSTON)

Crossotheca schatzlarensis (STUR) KIDSTON

Bild 4. Svidnya-Schichten, Fundort 108; Slg. BAW, Nr. 2103; Vergr. 3 : 1

Renaultia rotundifolia (ANDRAE) ZEILLER

Bild 5. Chibaovtsi-Schichten, Fundort 93; Slg. BAW, Nr. 1531

Corynepteris sp.

Bild 6. Tsarichina-Schichten, Fundort 26; Slg. BAW, Nr. 2200

Renaultia schatzlarensis (STUR) ZEILLER

Bild 7. Svoge-Schichten, Fundort 112; Slg. BAW, Nr. 2023

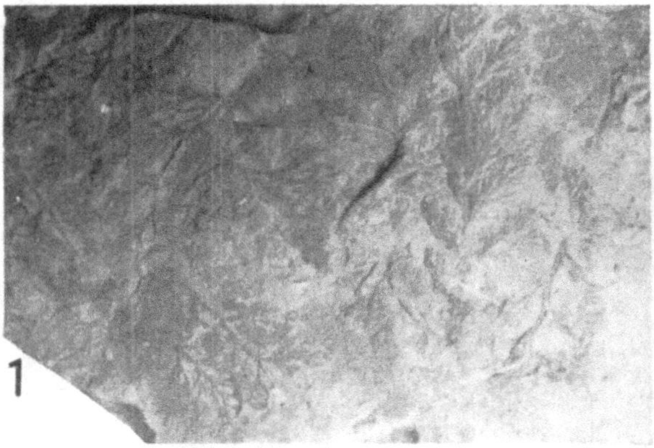

1

2

3

4

5

6

7

TAFEL XVI

Zeilleria frenzli (STUR) KIDSTON

Bild 1. Svidnya-Schichten, Fundort 52; Slg. BAW, Nr. 929, Vergr. 3 : 1

Bild 3. Svidnya-Schichten, Fundort 52; Slg. BAW, Nr. 940; Vergr. 3 : 1

Zeilleria baertlingi (GOTHAN) n. comb.

Bild 2. Svidnya-Schichten, Fundort 71; Slg. BAW, Nr. 1254; Vergr. 3 : 1

Sphenopteris konjaroffi (HARTUNG) n. comb.

Bild 4. Tsarichina-Schichten, Fundort 95; Slg. BAW, Nr. 1643; in Alkohol

Bild 5. Tsarichina-Schichten, Fundort 103; Slg. BAW, Nr. 1894

Bild 6. Tsarichina-Schichten, Fundort 103; Slg. BAW, Nr. 2015

Bild 7. Tsarichina-Schichten, Fundort 95; Slg. BAW, Nr. 1657; Vergr. 10 : 1

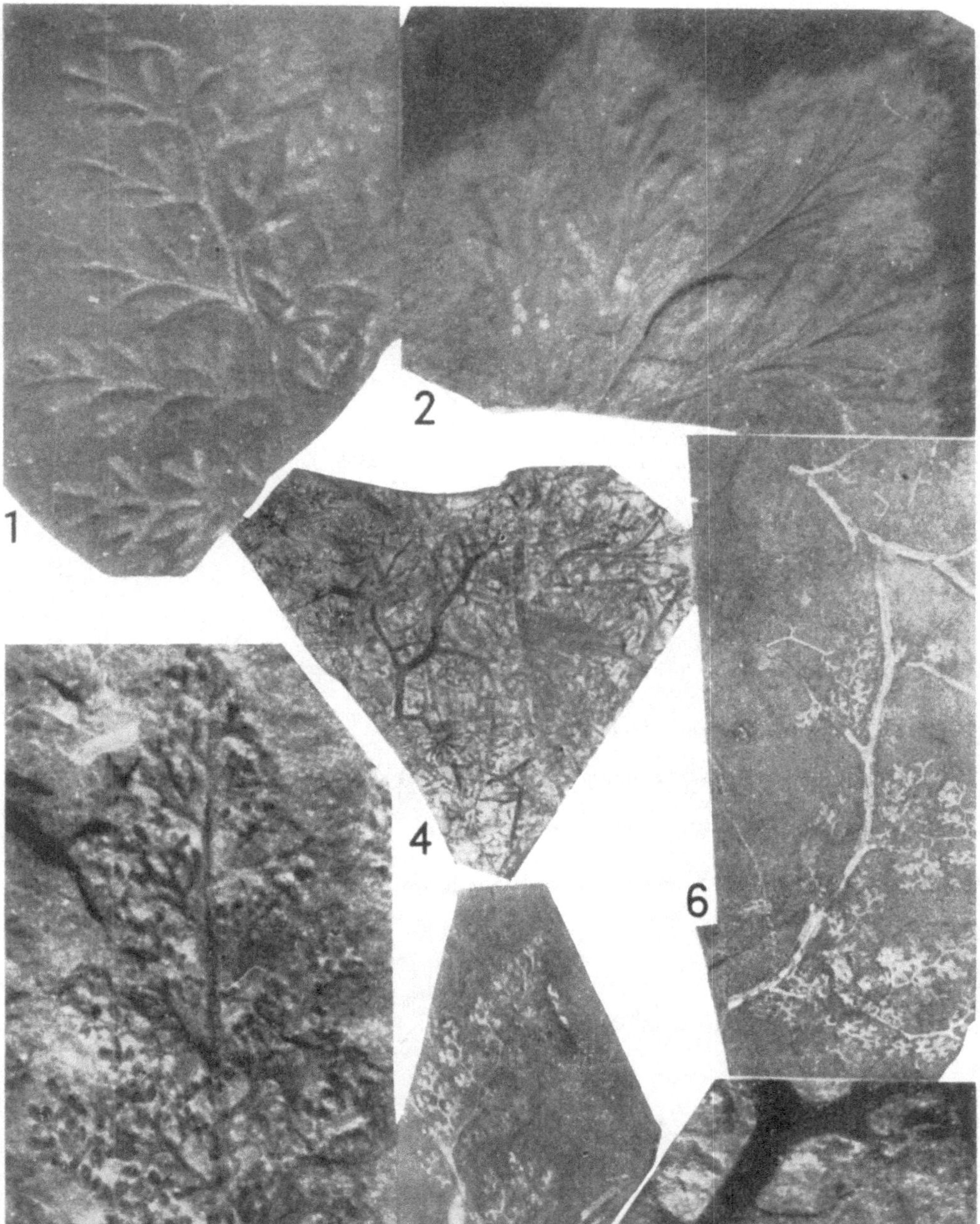

TAFEL XVII

Sphenopteris sp.

Bild 1. Tsarichina-Schichten, Fundort 53; Slg. BAW, Nr. 2346

Pecopteris plumosa-dentata (ARTIS) BRONGNIART

Bild 2. Berovdol-Schichten, Fundort 61; Slg. BAW, Nr. 2287

Bild 5. Berovdol-Schichten, Fundort 61; Slg. BAW, Nr. 2282

Bild 7. Tsarichina-Schichten, Fundort 34; Slg. BAW, Nr. 54; Vergr. 3 : 1, in Alkohol

Pecopteris (Senftenbergia) aspera BRONGNIART

Bild 3. Tsarichina-Schichten, Fundort 95; Slg. BAW, Nr. 1675; Vergr. 3 : 1, in Alkohol

Bild 4. Tsarichina-Schichten, Fundort 34; Slg. BAW, Nr. 1739; in Alkohol

Pecopteris (? *Senftenbergia*) *raripenna* n. sp.

Bild 6. Berovdol-Schichten, Fundort 73; Slg. BAW, Nr. 1321

1
2
3
4
5
6
7

TAFEL XVIII

Pecopteris (? Senftenbergia) raripenna n. sp.

Bild 1. Berovdol-Schichten, Fundort 73; Slg. BAW, Nr. 2039; Vergr. 3 : 1

Bild 6. Berovdol-Schichten, Fundort 73; Slg. BAW, Nr. 1310; Vergr. 3 : 1

Alethopteris pecopteroides n. sp.

Bild 2. Tsarichina-Schichten, Fundort 26; Slg. BAW, Nr. 2193

Bild 3. Tsarichina-Schichten, Fundort 26; Slg. BAW, Nr. 2254

Bild 4. Tsarichina-Schichten, Fundort 26; Slg. BAW, Nr. 2259

Alethopteris lonchitica (SCHLOTHEIM) STERNBERG

Bild 5. Svidnya-Schichten, Fundort 94; Slg. BAW, Nr. 1620; Vergr. 3 : 1

1
2
3
4
5
6

TAFEL XIX

Pecopteris (? Senftenbergia) raripenna n. sp.

Bild 1. Holotypus, Berovdol-Schichten, Fundort 73; Slg. BAW, Nr. 1319

Alethopteris klimenti n. sp.

Bild 2. Holotypus, Tsarichina-Schichten, Fundort 26; Slg. BAW, Nr. 2197; Vergr. 6 : 1

Alethopteris hartungi n. sp.

Bild 3. Tsarichina-Schichten, Fundort 26; Slg. BAW, Nr. 2196; Vergr. 6 : 1

Alethopteris pecopteroides n. sp.

Bild 4. Tsarichina-Schichten, Fundort 26; Slg. BAW, Nr. 2274; Vergr. 3 : 1, in Alkohol

Bild 5. Holotypus, Tsarichina-Schichten, Fundort 26; Slg. BAW, Nr. 2249

Alethopteris decurrens (ARTIS) ZEILLER

Bild 6. Svidnya-Schichten, Fundort 94; Slg. BAW, Nr. 1623; Vergr. 3 : 1

2
1
3
4
5
6

TAFEL XX

Alethopteris klimenti n. sp.

Bild 1. Tsarichina-Schichten, Fundort 26; Slg. BAW, Nr. 2250

Bild 1a. 3× vergrößerter Ausschnitt von Bild 1

Alethopteris hartungi n. sp.

Bild 2. Holotypus, Tsarichina-Schichten, Fundort 26; Slg. BAW, Nr. 2186

Neuropteris rectinervis Kidston f. *obtusa* n. f.

Bild 3. Holotypus, Svidnya-Schichten, Fundort 107; Slg. BAW, Nr. 1060

Bild 4. Svidnya-Schichten, Fundort 49; Slg. BAW, Nr. 865; Vergr. 3:1 (senkrecht: *N. schlehani*)

Neuropteris schlehani Stur

Bild 5. Svidnya-Schichten, Fundort 108; Slg. BAW, Nr. 2093

Bild 5a. 3× vergrößerter Ausschnitt von Bild 5

Neuropteris heterophylla (Brongniart) Brongniart

Bild 6. Chibaovtsi-Schichten, Fundort 46; Slg. BAW, Nr. 797

Bild 6a. 3× vergrößerter Ausschnitt von Bild 6

Neuropteris obliqua Brongniart

Bild 7. Svidnya-Schichten, Fundort 108; Slg. BAW, Nr. 1995; Vergr. 3:1

1
1a
2
3
4
5
5a
6
6a
7

TAFEL XXI

Neuropteris schlehanoides Stockmans & Willière

Bild 1. Svidnya-Schichten, Fundort 58; Slg. BAW, Nr. 1063

Neuropteris lata n. sp.

Bild 2. Holotypus, Svidnya-Schichten, Fundort 80; Slg. BAW, Nr. 1446

Bild 3. Svidnya-Schichten, Fundort 80; Slg. BAW, Nr. 1439; Vergr. 3 : 1

Neuropteris longifolia n. sp.

Bild 4. Holotypus, Svidnya-Schichten, Fundort 80; Slg. BAW, Nr. 1422

Bild 4a. 3× vergrößerter Ausschnitt von Bild 4

Bild 5. Svidnya-Schichten, Fundort 80; Slg. BAW, Nr. 1445

Bild 6. Svidnya-Schichten, Fundort 77; Slg. BAW, Nr. 863

Bild 6a. 3× vergrößerter Ausschnitt von Bild 6

Bild 7. Svidnya-Schichten, Fundort 77; Slg. BAW, Nr. 1382

Bild 7a. 3× vergrößerter Ausschnitt von Bild 7

Bild 9. Svidnya-Schichten, Fundort 80; Slg. BAW, Nr. 1423

Neuropteris antecedens Stur

Bild 8. Tsarichina-Schichten, Fundort 106; Slg. BAW, Nr. 1951; Vergr. 3 : 1

Bild 12. Tsarichina-Schichten, Fundort 106; Slg. BAW, Nr. 1950; Vergr. 3 : 1

Paripteris gigantea (Sternberg) Gothan

Bild 10. Svidnya-Schichten, Fundort 78; Slg. BAW, Nr. 1433

Bild 11. Svoge-Schichten, Fundort 82; Slg. BAW, Nr. 2019

1
2
3
4
4a
5
6
6a
7
7a
8
9
10
11
12

TAFEL XXII

Mariopteris sp.

Bild 1. Tsarichina-Schichten, Fundort 106; Slg. BAW, Nr. 1952; Vergr. 3 : 1

Neuropteris scheuchzeri HOFFMANN

Bild 2. Chibaovtsi-Schichten, Fundort 101; Slg. BAW, Nr. 1543

Bild 2a. 3× vergrößerter Ausschnitt von Bild 2

Bild 10. Chibaovtsi-Schichten, Fundort 101; Slg. BAW, Nr. 2565; Vergr. 3 : 1

Mariopteris acuta BRONGNIART, f. *obtusa* GOTHAN

Bild 3. Svidnya-Schichten, Fundort 58; Slg. BAW, Nr. 1093

Sphenopteris cf. *obtusiloba* BRONGNIART

Bild 4. Fundhorizont und Fundort unbekannt; Slg. SU, Nr. 122

Bild 5. Chibaovtsi-Schichten(?), Fundort unbekannt; Slg. SU, Nr. 123

Odontopteris sp.

Bild 6. Chibaovtsi-Schichten, Fundort 101; Slg. BAW, Nr. 1942; Vergr. 3 : 1

Mariopteris acuta BRONGNIART f. *grandis* GOTHAN

Bild 7. Svidnya-Schichten, Fundort 94; Slg. BAW, Nr. 1595

Mariopteris acuta BRONGNIART f. *typica*

Bild 8. Svidnya-Schichten, Fundort 107; Slg. BAW, Nr. 2096

Bild 9. Svidnya-Schichten, Fundort 58; Slg. BAW, Nr. 1084; Vergr. 2 : 1

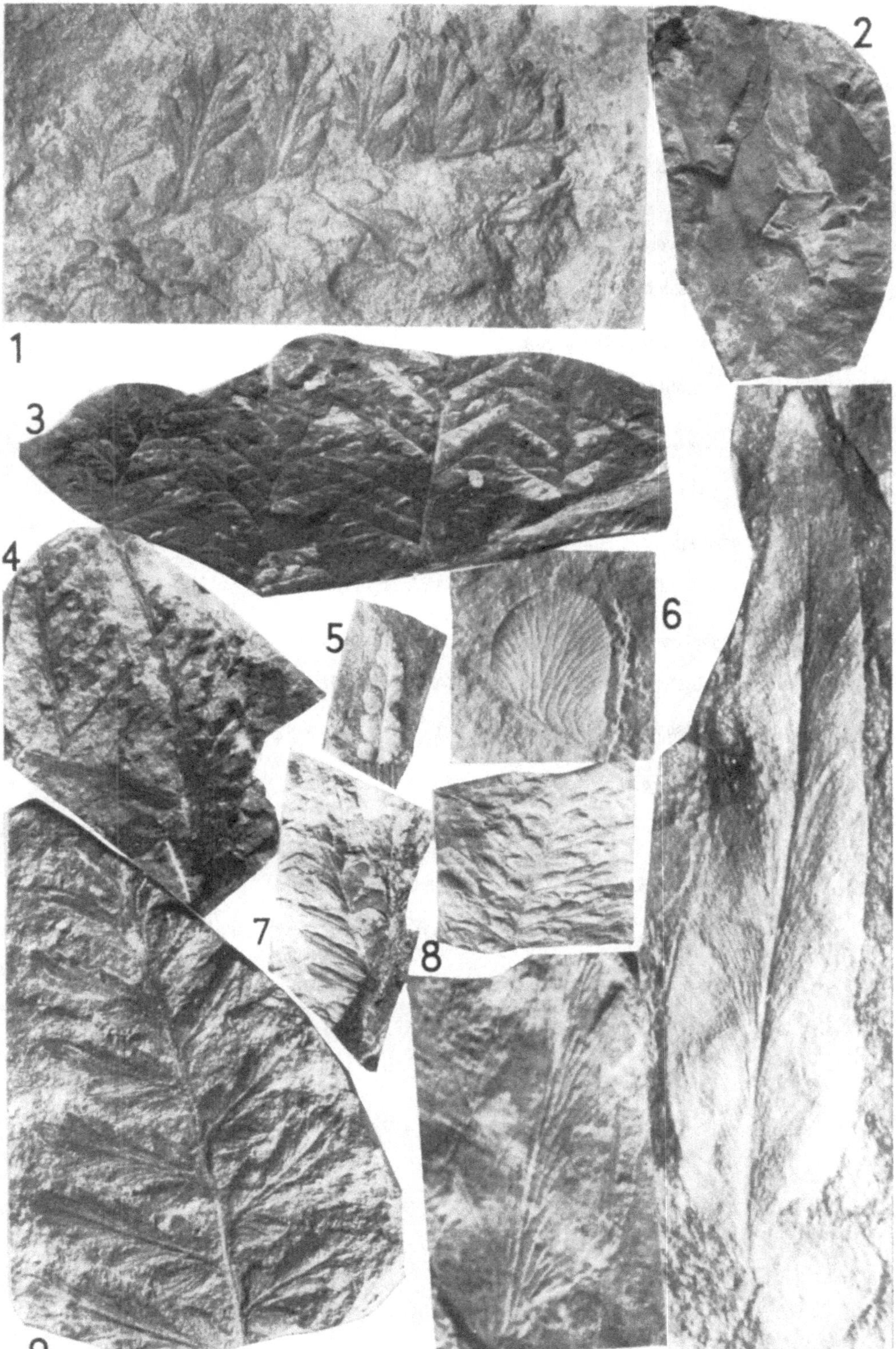
1
2
3
4
5
6
7
8
9
2a
10

TAFEL XXIII

Cordaites borassifolius (STERNBERG) UNGER

Bild 1. Chibaovtsi-Schichten, Fundort 93; Slg. BAW, Nr. 1720

Neuropteris schlehani STUR

Bild 2. Svidnya-Schichten, Fundort 49; Slg. BAW, Nr. 864, Vergr. 3 : 1

Sphenopteris sp.

Bild 3. Svidnya-Schichten, Fundort 80; Slg. BAW, Nr. 1415

Rhodea sp.

Bild 4. Svidnya-Schichten, Fundort 99; Slg. BAW, Nr. 1708

Hexagonocarpus mosanus STOCKMANS & WILLIÈRE

Bild 5. Svidnya-Schichten, Fundort 49; Slg. BAW, Nr. 819; Vergr. 3 : 1

Bild 6. Svidnya-Schichten, Fundort 49; Slg. BAW, Nr. 820; Vergr. 3 : 1

Tetragonocarpus ovatus n. sp.

Bild 7. Holotypus-Serie, Tsarichina-Schichten, Fundort 26; Slg. BAW, Nr. 2154; Vergr. 3 : 1

Sphenopteris hollandica GOTHAN & JONGMANS

Bild 8. Svidnya-Schichten; Fundort 94; Slg. BAW, Nr. 1637; Vergr. 3 : 1

Diplotmema patentissimum (ETTINGSHAUSEN) STUR

Bild 9. Tsarichina-Schichten, Fundort 34; Slg. BAW, Nr. 78; Vergr. 3 : 1

Hexagonocarpus sp.

Bild 10. Chibaovtsi-Schichten, Fundort 113; Slg. BAW, Nr. 2504

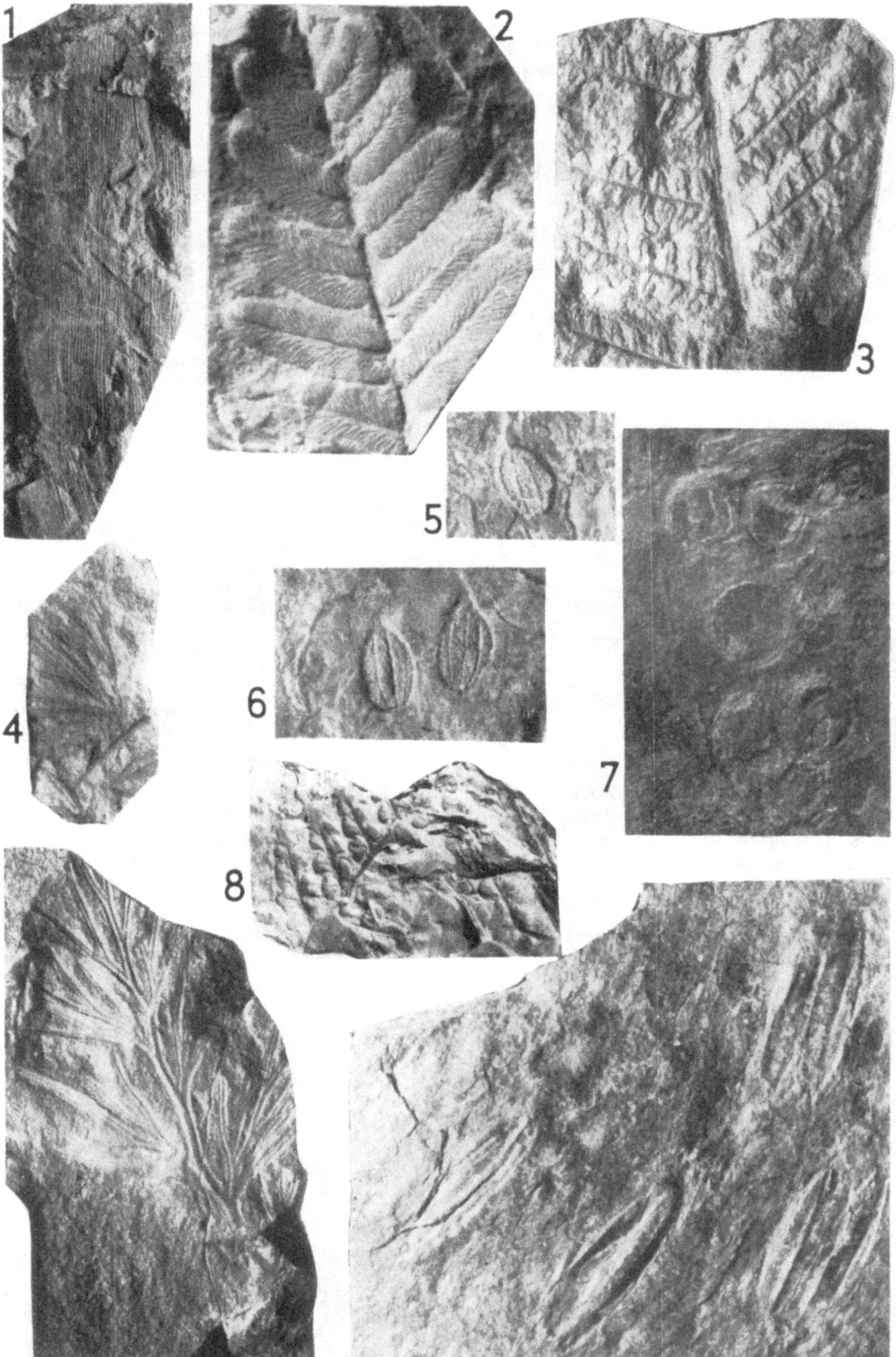
1
2
3
4
5
6
7
8
9
10

Anlage I. Übersicht über die im Svoge-Becken gefundenen fossilen Arten. Vergleich mit anderen Becken und stratigraphische Verbreitung der Arten

× — Art von mehreren Fundpunkten bekannt; 1 — Art wurde nur an einem Fundort nachgewiesen; ○ — Art in diesen Becken gefunden; + — weit verbreitete Art; l — Leitform; — — in dieser Stufe seltene Art

	Svoge-Becken						Europa/ Kleinasien					Namur			Westfal			
	1	2	3	4	5	6	1	2	3	4	5	A	B	C	A	B	C	D
	Tsarichina-Schichten	Svidnya-Schichten	Dramsha-Schichten	Svoge-Schichten	Berovdol-Schichten	Chibaovtsi-Schichten	Kleinasien	Dolný Śląsk	Gorný Śląsk/Horní Sleszko	Westeuropa	Donez-Becken							
1. *Sphenophyllum tenerrimum*	×						○	○	○	○	○	l						
2. *Sphenophyllum nemejci* n. sp.	×																	
3. *Sphenophyllum cuneifolium*		1		×	×	×	○	○	○	○	○			−	+	+	+	+
4. *Sphenophyllum amplum*		×							?	○				+	−			
5. *Sphenophyllum majus*				1		×	○	○	○	○	○				−	+	+	−
6. *Sphenophyllum trichomatosum*					1	1	○	○		○	○				−	+	+	+
7. *Sphenophyllum myriophyllum*						×	○	○	○	○	○				−	+	+	−
8. *Sphenophyllostachys tenerrimus*	×						○	○	○	○	○	l						
9. *Mesocalamites roemeri*	×	1					○	○	○	○	○	+	+	+				
10. *Mesocalamites haueri*	×	×					○	○	○	○	○	+	+	+				
11. *Mesocalamites cistiiformis*	+	1					○	○	○	○	○	+	+	+				
12. *Mesocalamites approximatiformis*	1							○	○			+						
13. *Mesocalamites tenuis* n. sp.	×																	
14. *Mesocalamites* sp.						1												
15. *Calamites undulatus*		1	1	×	×	×	○	○	○	○	○			−	+	+	+	+
16. *Calamites suckowi*				×	×	×	○	○	○	○	○				+	+	+	+
17. *Calamites carinatus*				×	×	1	○		○	○	○				−	+	+	
18. *Calamites* cf. *cisti*					1	×	○	○	○	○	○			−	+	+	+	+
19. *Calamites* sp.				1														
20. *Asterophyllites grandis*	×	×		×	1	×	○	○	○	○	○	+	+	+	+	+	+	+
21. *Asterophyllites charaeformis*	1			×		×	○	○	○	○	○	+	+	+	+	+	+	+
22. *Asterophyllites longifolius*					1	1	○	○	○	○	○			−	+	+	+	+
23. *Asterophyllites tenuifolius*	×	1				×		○	○	○		+	+	+	+	+	+	+
24. *Asterophyllites* cf. *equisetiformis*		1			1		○	○	○	○	○			−	+	+	+	+
25. *Asterophyllites lycopodioides*	1			1			○			○	○				+	+	−	
26. *Asterophyllites gothani*	×	×								○				l				
27. *Annularia radiata*		1		1	×	×	○	○	○	○	○			−	+	+	+	−
28. *Annularia subradiata*	1	1		1						○				l				
29. *Calamostachys* cf. *polystachya*	1						○	○	○			+						
30. *Calamostachys paniculata*		1		1		×	○	○	○	○	○			−	+	+	+	

	Svoge-Becken						Europa/ Kleinasien					Namur			Westfal			
	1	2	3	4	5	6	1	2	3	4	5	A	B	C	A	B	C	D
	Tsarichina-Schichten	Svidnya-Schichten	Dramsha-Schichten	Svoge-Schichten	Berovdol-Schichten	Chibaovtsi-Schichten	Kleinasien	Dolný Śląsk	Gorný Śląsk/Horní Sleszko	Westeuropa	Donez-Becken							
31. *Calamostachys charaeformis*				×			○	○	○	○	○			−	+	+	+	−
32. *Palaeostachya* aff. *elongata*				1			○	○		○	○				−	+	+	+
33. *Palaeostachya ettingshauseni*		×								○	○			−	+	+	+	
34. *Paracalamostachys striata*		1		1	1				○						+	+	+	+
35. *Paracalamostachys* cf. *minor*				1					○					+	−			
36. *Calamariophyllum tsarichinaense* n. sp.	1																	
37. *Myriophyllites gracilis*				1						○		+	+	+	+	+	+	+
38. *Pinnularia capillacea*						1			○	○	○	+	+	+	+	+	+	+
39. *Sphenasterophyllites longifolius* n. sp.	×																	
40. *Sphenasterophyllites cyrilmethodii* n. sp.				1														
41. *Eleutherophyllum mirabile*	×						○	○	○	○		l						
42. *Pinakodendron musivum*					1			○		○	○					+	+	
43. *Ulodendron majus*	1						○	○	○	○	○	+	+	+	+	+	+	+
44. *Lepidodendron aculeatum*	1	1			×		○	○	○	○	○	+	+	+	+	+	+	+
45. *Lepidodendron obovatum*	1				×	1	○	○	○	○	○	+	+	+	+	+	+	+
46. *Lepidodendron lycopodioides*	1			1	×	×	○	○	○	○	○	−	−	−	+	+	+	+
47. *Lepidodendron rimosum*					×	×	○	○	○	○	○				−	+	+	+
48. *Lepidodendron* cf. *dichotomum*					1	1	○	○	○	○	○			−	+	+	+	+
49. *Lepidodendron veltheimi*	1						○	○	○	○	○	l						
50. *Lepidodendron sturi* n. sp.	×							○	○	○		l						
51. *Lepidodendron zigzagum* n. sp.	1																	
52. *Lepidophloios laricinus*	×	×		1	×	×	○	○	○	○	○	+	+	+	+	+	+	+
53. *Lepidostrobus squarosus*	1	1								○								
54. *Lepidostrobus kidstoni*					1	1		○			○				−	+	+	
55. *Lepidostrobus* cf. *ornatus*					1		○	○	○	○	○	+	+	+	+	+	+	+
56. *Lepidostrobus meunieri*						×		○		○						+	+	+
57. *Lepidostrobus brongniarti*						×			○	○						+	+	
58. *Lepidostrobus obovatus*						1	○	○	○	○	○	+	+	+	+	+	+	+
59. *Lepidostrobophyllum lanceolatum*	×	×		1	×	×	○	○	○	○	○	+	+	+	+	+	+	+
60. *Lepidostrobophyllum majus*	1	1			×	1	○	○	○	○	○	+	+	+	+	+	+	+
61. *Lepidophylloides nervosus* n. comb.	×	1		1	×	1												
62. *Lepidophylloides* sp.	1	1		1		1												
63. *Sigillaria elegans*				×			○	○	○	○	○		−	+	+	+	−	
64. *Sigillaria* cf. *decorata*				1					○	○					+	+		
65. *Sigillaria polyploca bulgarica*				1														
66. *Sigillaria st. bončevi*				1	1													

	Svoge-Becken						Europa/ Kleinasien					Namur			Westfal			
	1	2	3	4	5	6	1	2	3	4	5	A	B	C	A	B	C	D
	Tsarichina-Schichten	Svidnya-Schichten	Dramsha-Schichten	Svoge-Schichten	Berovdol-Schichten	Chibaovtsi-Schichten	Kleinasien	Dolný Śląsk	Gorný Śląsk/Horní Sleszko	Westeuropa	Donez-Becken							
67. *Sigillaria mamillaria*				1			○	○	○	○	○				+	+		
68. *Sigillaria schlotheimiana*				×			○	○	○	○	○		−	+	+			
69. *Sigillaria* cf. *rugosa*				1			○	○	○	○	○				+	+	+	
70. *Sigillaria elongata*						1	○	○	○	○	○				+	+	+	+
71. *Sigillaria brardi*						1	○			○	○						+	+
72. *Syringodendron* sp.						1												
73. *Sigillariostrobus* sp.				1														
74. *Cyperites* sp.						1												
75. *Cyperites svogensis* n. sp.				×														
76. *Stigmaria ficoides*	1			×	×	×	○	○	○	○	○	+	+	+	+	+	+	+
77. *Corynepteris coralloides*						1	○	○	○	○	○				+	+	+	+
78. *Corynepteris angustissima*		1		1	1	1	○	○	○	○	○			+	+	+	+	+
79. *Corynepteris pecopteroides*						1		○									+	
80. *Corynepteris* sp.	×																	
81. *Crossotheca schatzlarensis*		1		1			○	○	○	○				−	+	+	+	
82. *Renaultia schatzlarensis*				1			○	○	○	○	○		−	+	+	−		
83. *Renaultia rotundifolia*				1		×	○			○						+	+	
84. *Zeilleria moravica*	×							○	○	○		1						
85. *Zeilleria frenzli*		×				1	○	○	○	○	○			+	+	+	+	+
86. *Zeilleria baertlingi* n. comb.		1								○				+				
87. *Rhodea* sp. (aff. *steinbrincki*)		1								○				+				
88. *Sphenopteris* cf. *launoiti*	1									○		+						
89. *Sphenopteris konjaroffi* n. comb.	×																	
90. *Sphenopteris laurenti*				1			○	○	○	○	○				+	−		
91. *Sphenopteris* sp.	1																	
92. *Sphenopteris* sp.	1																	
93. *Sphenopteris* sp.		1																
94. *Pecopteris* (*Senftenbergia*) *aspera*	×				?		○	○	○	○	○	+	+	+	+			
95. *Pecopteris plumosa-dentata*	×	×			1	×	○	○	○	○	○	+	+	+	+	+	+	+
96. *Pecopteris* (? *Senftenbergia*) *raripenna* n. sp.				1	1	1												
97. *Pecopteris* (*Senftenbergia*) cf. *pennaeformis*					1		○		○	○	○				−	+	+	+
98. *Alethopteris lonchitica*		1					○	○	○	○	○			+	+	+		
99. *Alethopteris decurrens*		1					○	○	○	○	○			+	+	+		
100. *Alethopteris pecopteroides* n. sp.	1																	
101. *Alethopteris hartungi* n. sp.	1																	
102. *Alethopteris klimenti* n. sp.	1																	
103. *Neuropteris heterophylla*						1	○	○	○	○	○			−	+	+	+	+
104. *Neuropteris schlehani*		×		×			○	○	○	○	○		−	+	+			

	Svoge-Becken						Europa/ Kleinasien					Namur			Westfal			
	1	2	3	4	5	6	1	2	3	4	5	A	B	C	A	B	C	D
	Tsarichina-Schichten	Svidnya-Schichten	Dramsha-Schichten	Svoge-Schichten	Berovdol-Schichten	Chibaovtsi-Schichten	Kleinasien	Dolný Śląsk	Gorný Śląsk/Horní Sleszko	Westeuropa	Donez-Becken							
105. *Neuropteris rectinervis* f. *obtusa* n. forma		×																
106. *Neuropteris schlehanoides*		×								○				−	+			
107. *Neuropteris lata* n. sp.		×																
108. *Neuropteris longifolia* n. sp.		×																
109. *Neuropteris obliqua*		×		×			○	○	○	○	○			−	+	+		
110. *Neuropteris antecedens*	1					×	○	○	○	○	○	1						
111. *Neuropteris tenuifolia*							○	○	○	○	○				−	+	+	
112. *Neuropteris scheuchzeri*						1	○	○	○	○	○					−	+	+
113. *Paripteris gigantea*		×		×		1	○	○	○	○	○			+	+	+	+	−
114. *Potoniea adiantiformis*		1																
115. *Whitlessya* sp.				1														
116. *Mariopteris acuta*		×		1			○	○	○	○	○		−	+	+			
117. *Mariopteris muricata*				×			○	○	○	○	○				+	+	−	
118. *Mariopteris* sp.	1																	
119. *Diplotmema patentissimum*	1						○	○	○	○	○	1						
120. *Odontopteris* sp.						1												
121. *Sphenopteris hollandica*		1					○			○				+	−			
122. *Sphenopteris* cf. *obtusiloba*				1	1		○	○	○	○	○				−	+	+	
123. *Sphenopteris* sp.		×																
124. *Trigonocarpus perpusilus*				1	×													
125. *Tetragonocarpus ovatus* n. sp.	1																	
126. *Hexagonocarpus mosanus*		×								○				+				
127. *Hexagonocarpus* sp.						×												
128. *Cordaites principalis* (sp.)	1	(×)	1	×		(×)	○	○	○	○	○	+	+	+	+	+	+	+
129. *Cordaites borassifolius*						1	○		○	○	○						+	+
130. *Samaropsis* sp.				1														

Anlage II. Die im Svoge-Becken gefundene fossile Flora nach Fundort und Fundschicht

1. Tsarichina-Schichten

Fundorte: 9, 23, 25, 26, 27, 28, 29, 33, 34, 40, 48, 53, 57, 59, 60, 62, 63, 65, 66, 67, 68, 70, 95, 96, 97, 98, 100, 103, 106, 114, 115, 116, 117

1. *Sphenophyllum tenerrimum* — 9, 26, 27, 29, 34, 40, 60, 62, 63, 67, 95, 97, 98, 100, 103, 106, 115, 117
2. *Sphenophyllum nemecji* n. sp. — 60, 95, 98, 103, 106
3. *Sphenophyllostachys tenerrimus* — 26, 27, 95, 97
4. *Mesocalamites roemeri* — 27, 40, 60, 103
5. *Mesocalamites haueri* — 9, 23, 27, 33, 59, 60, 114
6. *Mesocalamites cistiiformis* — 23, 25, 26, 28, 29, 34, 48, 59, 65, 95, 103
7. *Mesocalamites approximatiformis* — 60
8. *Mesocalamites tenuis* n. sp. — 48, 59
9. *Asterophyllites charaeformis* — 59
10. *Asterophyllites grandis* — 26, 27, 106
11. *Asterophyllites gothani* — 62, 97
12. *Asterophyllites tenuifolius* — 23, 26, 59, 117
13. *Asterophyllites lycopodioides* — 97, 106
14. *Annularia subradiata* — 57
15. *Calamostachys* cf. *polystachya* — 9
16. *Calamariophyllum tsarichinaense* n. sp. — 97
17. *Sphenasterophyllites longifolius* n. sp. — 103, 116, 117
18. *Eleutherophyllum mirabile* — 28, 96
19. *Lepidodendron* (cf.) *aculeatum* — 9, 59
20. *Lepidodendron* cf. *lycopodioides* — 68
21. *Lepidodendron zigzagum* n. sp. — 59
22. *Lepidodendron sturi* n. sp. — 59, 68
23. *Lepidodendron obovatum* — 59
24. *Lepidophleios laricinus* — 9, 27, 59, 68
35. *Lepidostrobus squarosus* — 59
26. *Lepidostrobophyllum lanceolatum* — 9, 27, 28, 103
27. *Lepidostrobophyllum majus* — 34
28. *Ulodendron majus* — 59
29. *Lepidophylloides nervosus* — 23, 59, 68, 98, 106, 114
20. *Lepidophylloides* sp. — 59
31. *Stigmaria ficoides* — 40
32. *Coryneptris* sp. — 26, 100
33. *Zeilleria moravica* — 29, 33, 48, 57, 66, 70
34. *Sphenopteris konjaroffi* n. comb. — 9, 95, 98, 103, 106
35. *Sphenopteris* cf. *launoiti* — 34
36. *Sphenopteris* sp. — 100
37. *Sphenopteris* sp. — 119
38. *Diplotmema patentissimum* — 34
39. *Pecopteris* (*Senftenbergia*) *aspera* — 9, 26, 28, 34, 40, 95, 97, 100
40. *Pecopteris plumosa-dentata* — 26, 34
41. *Neuropteris antecedens* — 106
42. *Alethopteris pecopteroides* n. sp. — 26
43. *Alethopteris hartungi* n. sp. — 26
44. *Alethopteris klimenti* n. sp. — 26
45. *Mariopteris* sp. — 106
46. *Tetragonocarpus ovatus* n. sp. — 26
47. *Cordaites principalis* — 67

2. Svidnya-Schichten

Fundorte: 18, 19, 20, 21, 49, 50, 51, 52, 58, 69, 71, 75, 76, 77, 78, 80, 88, 90, 91, 94, 99, 107, 108, 109

1. *Sphenophyllum cuneifolium* — 90
2. *Sphenophyllum amplum* — 88, 109
3. *Mesocalamites* (cf.) *haueri* — (50, 71, 78), 80
4. *Mesocalamites cistiiformis* — 18
5. *Mesocalamites* sp. — 58
6. *Calamites undulatus* — 109
7. *Asterophyllites grandis* — 49, 69, 77
8. *Asterophyllites tenuifolius* — 71
9. *Asterophyllites* cf. *equisetiformis* — 99
10. *Asterophyllites gothani* — 18, 49, 52, 58, 75, 77, 91, 94, 99, 108
11. *Annularia* cf. *radiata* — 69
12. *Annularia subradiata* — 49
13. *Calamostachys paniculata* — 49
14. *Palaeostachys ettingshauseni* — 52, 58, 109
15. *Paracalamostachys striata* — 49
16. *Lepidodendron aculeatum* — 51
17. *Lepidophloios laricinus* — 20, 49
18. *Lepidostrobus squarosus* — 52
19. *Lepidostrobophyllum lanceolatum* — 20, 76
20. *Lepidostrobophyllum majus* — 71
21. *Lepidophylloides nervosus* n. comb. — 21
22. *Lepidophylloides* sp. — 75
23. *Corynepteris* cf. *angustissima* — 50
24. *Zeilleria frenzli* — 49, 52, 71, 108
25. *Zeilleria baertlingi* n. comb. — 71
26. *Crossotheca schatzlarensis* — 108
27. *Rhodea* sp. aff. *steinbrincki* — 99
28. *Pecopteris plumosa-dentata* — 20, 49, 52, 69, 77, 91, 99, 107
29. *Neuropteris schlehani* — 18, 49, 58, 71, 77, 80, 94, 107, 108
30. *Neuropteris schlehanoides* — 18, 58, 71
31. *Neuropteris longifolia* n. sp. — 77, 80
32. *Neuropteris obliqua* — 58, 94, 108
33. *Neuropteris rectinervis* f. *obtusa* n. f. — 49, 107
34. *Neuropteris lata* n. sp. — 71, 77, 80, 94, 107
35. *Potoniea adiantiformis* — 94
36. *Paripteris gigantea* — 19, 78, 88, 94, 108
37. *Mariopteris acuta* — 49, 58, 71, 77, 94, 107
38. *Alethopteris lonchitica* — 94
39. *Alethopteris decurrens* — 94
40. *Sphenopteris hollandica* — 94
41. *Sphenopteris* sp. — 80
42. *Hexagonocarpus mosanus* — 49, 71
43. *Cordaites* sp. — 52, 90

3. Dramsha-Schichten

Fundort: 89

1. *Calamites undulatus* — 89
2. *Cordaites principalis* — 89

4. Svoge-Schichten

Fundorte: 1, 2, 4, 5, 6, 32, 36, 37, 72, 79, 81, 82, 84, 85, 86, 87, 102, 105, 112

1. *Sphenophyllum cuneifolium* — 4, 5, 36, 37
2. *Sphenophyllum* cf. *majus* — 86
3. *Calamites suckowi* — 2, 6, 36
4. *Calamites undulatus* — 1, 81, 86
5. *Calamites carinatus* — 1, 2, 5, 6, 81
6. *Asterophyllites grandis* — 4, 5, 85, 105
7. *Asterophyllites charaeformis* — 1, 5, 6, 36, 82, 87
8. *Asterophyllites lycopodioides* — 87
9. *Annularia radiata* — 5
10. *Annularia* cf. *subradiata* — 37
11. *Calamostachys charaeformis* — 5, 82
12. *Calamostachys* cf. *paniculata* — 5
13. *Palaeostachya* aff. *elongata* — 1
14. *Paracalamostachys striata* — 4
15. *Paracalamostachys* cf. *minor* — 4
16. *Myriophyllites gracilis* — 5
17. *Sphenasterophyllites cyril-methodii* n. sp. — 81
18. *Lepidodendron lycopodioides* — 2
19. *Lepidophloios laricinus* — 1
20. *Lepidostrobophyllum lanceolatum* — 5
21. *Lepidophylloides nervosus* n. comb. — 5
22. *Lepidophylloides* sp. — 82
23. *Sigillaria elegans* — 4, 5
24. *Sigillaria* cf. *decorata* — 5
25. *Sigillaria polyploca* var. *bulgarica* — 5
26. *Sigillaria st. bončevi* — 5
27. *Sigillaria mamillaria* — 5
28. *Sigillaria schlotheimiana* — 1, 5
29. *Sigillaria* cf. *rugosa* — 1
30. *Sigillariostrobus* sp. — 1
31. *Cyperites svogensis* n. sp. — 4, 5
32. *Stigmaria ficoides* — 5, 6, 72
33. *Corynepteris angustissima* — 5, 37
34. *Crossotheca schatzlarensis* — 5
35. *Sphenopteris laurenti* — 6
36. *Renaultia schatzlarensis* — 112
37. *Pecopteris* (? *Senftenbergia*) *raripenna* n. sp. — 72
38. *Neuropteris schlehani* — 1, 4, 5, 36, 37
39. *Neuropteris obliqua* — 1, 36
40. *Whittlessya* sp. — 37
41. *Paripteris gigantea* — 1, 5, 32, 36, 37, 79, 82, 84, 102
42. *Mariopteris muricata* — 1, 5, 36, 37
43. *Mariopteris acuta* — 36
44. *Sphenopteris* cf. *obtusiloba* — 37
45. *Trigonocarpus perpusilus* — 37
46. *Cordaites principalis* — 1, 4, 6, 81, 86
47. *Samaropsis* sp. — 1.

5. Berovdol-Schichten

Fundorte: 3, 7, 8A, 10, 12, 14, 15, 16, 17, 22, 24, 30, 31, 33, 41, 42, 43, 44, 45, 54, 55, 56, 61, 64, 73, 74, 83, 92

1. *Sphenophyllum cuneifolium* — 31, 64
2. *Sphenophyllum* cf. *trichomatosum* — 33
3. (?) *Mesocalamites* sp. — 24
4. *Calamites suckowi* — 12, 14, 15, 22, 43, 73
5. *Calamites undulatus* — 8A, 15, 56, 64
6. *Calamites cisti* — 3
7. *Calamites carinatus* — 16, 41, 42
8. *Calamites* (*Calamitina*) sp. — 33
9. *Asterophyllites* cf. *equisetiformis* — 10
10. *Asterophyllites longifolius* — 8A
11. *Asterophyllites grandis* — 74
12. *Annularia radiata* — 31, 74
13. *Paracalamostachys striata* — 41
14. *Lepidodendron lycopodioides* — 3, 7, 8A, 14, 15, 17
15. *Lepidodendron aculeatum* — 12, 17, 43
16. *Lepidodendron obovatum* — 15, 61
17. *Lepidodendron rimosum* — 3 (cf.), 14, 15, 73
18. *Lepidodendron* cf. *dichotomum* — 3
19. *Lepidophloios laricinus* — 7, 8A, 10, 22, 73, 92
20. *Pinakodendron musivum* — 15
21. *Lepidostrobus kidstoni* — 8A
22. *Lepidostrobus* cf. *ornatus* — 55
23. *Lepidostrobophyllum lanceolatum* — 3, 73
24. *Lepidostrobophyllum majus* — 13, 16, 30, 43
25. *Lepidophylloides nervosus* n. comb. — 8A, 17
26. *Sigillaria st. bončevi* — 30
27. *Stigmaria ficoides* — 3, 7, 8A, 10, 33, 55, 83
28. *Corynepteris angustissima* — 42
29. *Renaultia schatzlarensis* — 31
30. *Renaultia rotundifolia* — 44
31. *Pecopteris* (*Senftenbergia*) cf. *aspera* — 12, 24
32. *Pecopteris plumosa-dentata* — 61
33. *Pecopteris* (*Senftenbergia*) cf. *pennaeformis* — 54
34. *Pecopteris* (? *Senftenbergia*) *raripenna* n. sp. — 73
35. *Sphenopteris* cf. *obtusiloba* — 45
36. *Trigonocarpus perpusilus* — 8A, 37

6. Chibaovtsi-Schichten

Fundorte: 3, 8B, 8C, 11, 35, 39, 46, 47, 93, 101, 104, 110, 111, 113

1. *Sphenophyllum cuneifolium* — 93, 110, 111, 113
2. *Sphenophyllum majus* — 8C, 110, 113
3. *Sphenophyllum myriophyllum* — 39, 101
4. *Sphenophyllum trichomatosum* — 47
5. *Calamites suckowi* — 46, 101
6. *Calamites undulatus* — 8B, 93
7. *Calamites carinatus* — 113
8. *Calamites* cf. *cisti* — 3, 11
9. *Asterophyllites grandis* — 8B, 35, 93

10. *Asterophyllites charaeformis* — 35, 46, 111, 113
11. *Asterophyllites longifolius* — 8B, 8C
12. *Asterophyllites tenuifoila* — 39, 93
13. *Annularia radiata* — 93, 101
14. *Calamostachys paniculata* — 8B, 8C
15. *Pinnularia capillacea* — 93
16. *Lepidodendron lycopodioides* — 3, 8B, 8C, 35, 46
17. *Lepidodendron obovatum* — 8B
18. *Lepidodendron rimosum* — 3, 35, 46
19. *Lepidodendron* cf. *dichotomum* — 3
20. *Lepidophloios laricinus* — 8B, 35, 93
21. *Lepidostrobus meunieri* — 8B, 8C, 35
22. *Lepidostrobus brongniarti* — 8B, 35
23. *Lepidostrobus kidstoni* — 35
24. *Lepidostrobus obovatus* — 35
25. *Lepidostrobophyllum lanceolatum* — 5, 8B, 104
26. *Lepidostrobophyllum majus* — 93, 111
27. *Lepidophylloides nervosus* n. comb. — 101
28. *Lepidophylloides* sp. — 104
29. *Sigillaria elongata* — 110
30. *Sigillaria brardi* — 35
31. *Syringodendron* sp. — 11
32. *Cyperites* sp. — 8B
33. *Stigmaria ficoides* — 3, 8B, 8C, 11, 46, 111
34. *Corynepteris coralloides* — 8C
35. *Corynepteris pecopteroides* — 101
36. *Zeilleria frenzli* — 8B
37. *Renaultia rotundifolia* — 93, 101, 111, 113
38. *Pecopteris plumosa-dentata* — 8B, 8C, 35, 46
39. *Pecopteris* (? *Senftenbergia*) *raripenna* n. sp. — 104
40. *Neuropteris tenuifolia* — 110, 113
41. *Neuropteris heterophylla* — 46
42. *Neuropteris scheuchzeri* — 101, 113
43. *Paripteris gigantea* — 113
44. *Odontopteris* sp. — 101
45. *Cordaites* sp. — 8B, 93, 101
46. *Cordaites borassifolius* — 93.

Anlage III. Die im Svoge-Becken gefundene fossile Flora, geordnet nach Fundorten, sowie ihre paläobotanische Bestimmung

Erläuterungen zu den Fundorten 1—9: Exemplare leg. von: 1 — Krestew; 2 — Hartung; 3 — Němejc; 4 — Spassov, bestimmt von Černjavska; 5 — revidiert von Tenčov.

Die Bestimmung des Alters erfolgt bei allen Fundorten auf Grund der fossilen Flora.

Fundort 1 — ehemalige Grube nahe der E. b. Barrier, Ostrand des Svoge-Beckens. Svoge-Schichten, A7[4]).

	1	2	3	4	5
1. *Calamites undulatus*	×				
2. *Calamites* cf. *carinatus*		×			
3. *Asterophyllites charaeformis*			×		
4. *Palaeostachya* aff. *elongata*			×		
5. *Lepidophloios laricinus*			×		
6. *Sigillaria schlotheimiana*	×				
7. *Sigillaria* cf. *rugosa*	×				
8. *Sigillariostrobus* sp.	×				
9. *Neuropteris obliqua*	×				
10. *Neuropteris schlehani*	×				
11. *Paripteris gigantea*	×				
12. *Mariopteris muricata*	×				
13. *Cordaites principalis*		×			
14. *Samaropsis* sp.	×				

Alter: Westfal A.

Fundort 2 — ehemalige Grube Bulgarien südwestlich Svoge. Svoge-Schichten, A6.

	1	2	3	4	5
1. *Calamites carinatus*	×		×		
2. *Calamites* cf. *suckowi*	×		×		
3. *Lepidodendron lycopodioides*	×		×		
4. *Sigillaria* sp.		×			
5. *Cordaites* sp.		×			

Alter: Westfal.

Fundort 3 — alle Funde von Krestew auf den Halden der Gruben Tzeretzel und Antrazit. Berovdol- und Chibaovtsi-Schichten, C5.

1. *Calamites* cf. *cisti*
2. *Lepidodendron lycopodioides*
3. *Lepidodendron* cf. *rimosum*
4. *Lepidostrobophyllum lanceolatum*
5. *Sigillaria* sp.
6. *Stigmaria ficoides*

Alter: Westfal.

[4]) A7, A6 usw. geben die Lage des Fundortes entsprechend dem Gitternetz auf Abb. 1 an.

Fundort 4 — rechtes Ufer der Iskar nahe der Mündung des Baches Zlidol. Svoge-Schichten, A7.

	1	2	3	4	5
1. *Sphenophyllum cuneifolium*	×	×	×		
2. *Calamites* sp.	×	×			
3. *Asterophyllites grandis*			×		
4. *Paracalamostachys striata*		×			
5. *Paracalamostachys* cf. *minor*		×			
6. *Sigillaria elegans*			×		
7. *Cyperites svogensis* n. sp.		×			
8. *Neuropteris schlehani*		×	×		
9. *Cordaites principalis*	×	×			

Alter: Westfal A.

Fundort 5 — ehemalige Grube Vaglen nahe der Mündung des Baches Nevrelovdol, östlich Svoge. Svoge-Schichten, B7.

	1	2	3	4	5
1. *Sphenophyllum cuneifolium*		×	×	×	
2. *Calamites carinatus*		×		×	
3. *Calamostachys charaeformis*		×			
4. *Calamostachys paniculata*		×			
5. *Asterophyllites grandis*				×	
6. *Asterophyllites charaeformis*			×	×	
7. *Annularia radiata*				×	
8. *Myriophyllites gracilis*		×			×
9. *Lepidostrobophyllum lanceolatum*		×		×	×
10. *Lepidophylloides nervosus*		×		×	
11. *Sigillaria elegans*	×	×		×	
12. *Sigillaria* cf. *decorata*	×				
13. *Sigillaria st. bončevi*		×			
14. *Sigillaria polyploca* var. *bulgarica*	×				
15. *Sigillaria schlotheimiana*		×		×	
16. *Sigillaria mamillaria*					×
17. *Cyperites svogensis* n. sp.		×			
18. *Stigmaria ficoides*		×		×	
19. *Corynepteris angustissima*					×
20. *Crossotheca schatzlarensis*		×			
21. *Neuropteris schlehani*		×	×	×	×
22. *Paripteris gigantea*		×	×	×	
23. *Mariopteris muricata*		×	×	×	×
24. *Cordaites* sp.		×			

Alter: Westfal A.

Fundort 6 — ehemalige Grube Redina, etwa 2,5 km östlich Svoge. Svoge-Schichten, B7.

	1	2	3	4	5
1. *Calamites suckovi*	×				
2. *Calamites carinatus*	×				
3. *Asterophyllites charaeformis*		×			
4. *Stigmaria ficoides*	×				
5. *Sphenopteris laurenti*		×			
6. *Cordaites* cf. *principalis*	×				

Alter: Westfal A—B.

Fundort 7 — etwa 700 m östlich des Dorfes Batuliya, nahe der Wassermühle sowie die alte Halde oberhalb der Straße. Berovdol-Schichten, D9.

	1	2	3	4	5
1. *Lepidodendron lycopodioides*	×				
2. *Lepidophloios laricinus*		×			
3. *Sigillaria* sp.	×				
4. *Stigmaria ficoides*	×				

Alter: Westfal.

Fundort 8 — Umgebung der Grube Tzeretzel.

A. Von der unteren Halde der Grube. Berovdol-Schichten, C5.

	1	2	3	4	5
1. *Calamites undulatus*		×			
2. *Asterophyllites longifolius*	×				
3. *Lepidodendron lycopodioides*	×				
4. *Lepidophloios laricinus*		×			
5. *Lepidophylloides nervosus*	×				
6. *Lepidostrobus kidstoni*		×			
7. *Stigmaria ficoides*	×				
8. *Zeilleria moravica*	×				
9. *Trigonocarpus perpusilus*	×				
10. *Zeilleria frenzli*		×			

Alter: Westfal B—C.

Anmerkung: Die Art *Zeilleria moravica* aus der Sammlung von HARTUNG stammt wahrscheinlich aus den Gesteinen, auf denen die Halde liegt. Sie gehören zu den Tsarichina-Schichten. Diese Art ist für das Namur A charakteristisch.

B. Aus der aufgelassenen Grube. Chibaovtsi-Schichten.

	1	2	3	4	5
1. *Calamites undulatus*	×				
2. *Calamostachys paniculata*	×				
3. *Asterophyllites grandis*		×			
4. *Asterophyllites longifolius*	×				
5. *Lepidodendron lycopodioides*	×	×			
6. *Lepidodendron obovatum*	×				
7. *Lepidophloios laricinus*		×			
8. *Lepidostrobus meunieri*		×			
9. *Lepidostrobus brongniarti*		×			
10. *Lepidostrobophyllum lanceolatum*		×			
11. *Cyperites* sp.		×			
12. *Stigmaria ficoides*	×				
13. *Zeilleria frenzli*		×			
14. *Pecopteris plumosa-dentata*		×			
15. *Cordaites* sp.	×				

Alter: Westfal C.

C. Im Tal oberhalb der Grube. Chibaovtsi-Schichten.

	1	2	3	4	5
1. *Sphenophyllum majus*	×				
2. *Calamostachys paniculata*		×			
3. *Lepidodendron lycopodioides*	×				
4. *Lepidostrobus meunieri*	×				
5. *Stigmaria ficoides*	×				
6. *Corynepteris coralloides*		×			
7. *Pecopteris plumosa-dentata*	×				

Alter: Westfal B—C.

Fundort 9 — im Tal westlich der Schule von Tsarichina unweit der ersten Biegung. Tsarichina-Schichten, D3.

	1	2	3	4	5
1. *Sphenophyllum tenerrimum*	×	×			
2. *Mesocalamites haueri*	×				
3. *Calamostachys* cf. *polystachya*	×				
4. *Lepidodendron* cf. *aculeatum*	×				
5. *Lepidophloios laricinus*	×	×			
6. *Lepidostrobophyllum lanceolatum*	×	×			
7. *Sphenopteris konjaroffi* n. comb.	×				
8. *Pecopteris (Senftenbergia) aspera*	×				

Alter: Mittleres Namur A.

Fundort 10 — Fund von Hartung aus der Grube Antrazit in der Nähe von Chibaovtsi. Berovdol-Schichten, C3.

1. *Calamites* sp.
2. *Asterophyllites* cf. *equisetiformis*
3. *Lepidodendron* sp.
4. *Lepidophloios laricinus*
5. *Stigmaria ficoides*

Alter: Westfal.

Fundort 11 — Funde von Kulaksasov. Oberlauf des Baches Chibaovska in der Umgebung des Dorfes Markovtsi. Chibaovtsi-Schichten, C4.

1. *Calamites* cf. *cisti*
2. *Lepidodendron* sp.
3. *Syringodendron* sp.
4. *Stigmaria ficoides*

Alter: Westfal.

Fundort 12 — Funde von Kulaksasov am Bach Chibaovska, in der Nähe des kleinen Wasserfalls. Berovdol-Schichten, C3.

1. *Calamites suckowi*
2. *Lepidodendron aculeatum*
3. *Pecopteris (Senftenbergia)* cf. *aspera*

Alter: Westfal A.

Fundort 13 — Funde von Safirov und Kulaksasov im Bach Tsarichinska vor seiner Mündung in den Bach Kriva, C2.

1. *Calamites suckowi*
2. *Calamites* cf. *cisti*
3. *Lepidodendron aculeatum*
4. *Lepidodendron obovatum*
5. *Lepidodendron veltheimi*
6. *Lepidostrobophyllum majus*
7. *Lepidophloios laricinus*
8. *Lepidophylloides nervosus*

Anmerkung: Wegen des schlechten Erhaltungszustands der Sammlungsstücke von Kulaksasov konnte Verfasser die *Calamites*-Exemplare nicht revidieren. Es gibt nicht zu vereinbarende Elemente, da am gleichen Ort der Fundpunkt 59 des Verfassers liegt.

Fundort 14 — Funde von Kulaksasov aus dem Schurf 5 in der Gegend der Gabrite, nördlich der Grube Pejov dol. Berovdol-Schichten, C6.

1. *Calamites suckowi*
2. *Lepidodendron lycopodioides*
3. *Lepidodendron rimosum*

Alter: Westfal.

Fundort 15 — Funde von Kulaksasov beim Schurf 6, nahe der Grube Gruban. Berovdol-Schichten, C5.

1. *Calamites suckowi*
2. *Calamites undulatus*
3. *Pinakodendron musivum*
4. *Lepidodendron lycopodioides*
5. *Lepidodendron obovatum*
6. *Lepidodendron rimosum*

Alter: Westfal B.

Fundort 16 — Funde von Kulaksasov am Bach Chibaovska, etwa 150 m östlich der Brücke 3. Berovdol-Schichten, C3.

1. *Calamites carinatus*
2. *Lepidostrobophyllum majus*

Alter: Westfal.

Fundort 17 — Funde von Tenčov, 120 m östlich der Brücke 3. Berovdol-Schichten, C3.

1. *Lepidodendron lycopodioides*
2. *Lepidodendron aculeatum*
3. *Lepidophylloides nervosus*

Alter: Westfal.

Fundort 18 — Funde von SPASSOV südlich des Dorfes Iskrets. Svidnya-Schichten, A3.

1. *Mesocalamites cistiiformis*
2. *Asterophyllites gothani*
3. *Neuropteris schlehani*
4. *Neuropteris schlehanoides*

Alter: Namur C.

Fundort 19 — Funde von SPASSOV am linken Ufer des Baches Iskretska. Svidnya-Schichten, A5.

1. *Paripteris gigantea*

Alter: Namur C—Westfal C.

Fundort 20 — Funde von SPASSOV an der Straße von Svoge nach Chibaovtsi. Svidnya-Schichten, A4.

1. *Lepidophloios laricinus*
2. *Lepidostrobophyllum lanceolatum*
3. *Pecopteris plumosa-dentata*

Alter: Ober-Karbon.

Fundort 21 — Funde von SPASSOV an der Straße von Svoge nach Tzerovo, unterhalb des Berges Grohoten. Svidnya-Schichten, A 6.

1. *Asterophyllites tenuifolius*
2. *Lepidophylloides nervosus* n. comb.

Alter: Ober-Karbon.

Fundort 22 — Funde von SPASSOV im Sli-Tal, vor der Grube Borislav. Berovdol-Schichten, B6.

1. *Calamites suckowi*
2. *Lepidophloios laricinus*
3. *Lepidodendron* sp.

Alter: Westfal.

Fundort 23 — Funde von SPASSOV im Bach Kriva unterhalb der Mündung des Baches Dramschanska. Tsarichina-Schichten, D2.

1. *Mesocalamites haueri*
2. *Mesocamalites* cf. *cistiiformis*
3. *Asterophyllites* cf. *tenuifolius*
4. *Lepidodendron* sp.
5. *Lepidophylloides nervosus* n. comb.

Alter: Namur A—C.

Fundort 24 — Funde von SPASSOV, im Bach Dramschanska, nahe seiner Mündung in den Bach Kriva. — Berovdol-Schichten, C2.

1. (?) *Mesocalamites* sp.
2. *Lepidostrobophyllum* sp.
3. *Pecopteris* (*Senftenbergia*) cf. *aspera*

Alter: Namur A—Westfal A.

Fundort 25 — Fund von Tenčov im Bach Dalbochitsa, östlich Mahala Kikovi Lokvi. Tsarichina-Schichten, C7.

1. *Mesocalamites* aff. *cistiiformis*

Alter: Namur A—C.

Fundort 26 — Fund von Tenčov im Tal südwestlich Mahala Rodeniche (beim Dorf Tzeretzel). Tsarichina-Schichten, D4.

1. *Sphenophyllum tenerrimum*
2. *Sphenophyllostachys tenerrimus*
3. *Mesocalamites cistiiformis*
4. *Asterophyllites grandis*
5. *Asterophyllites tenuifolius*
6. *Corynepteris* sp.
7. *Pecopteris (Senftenbergia) aspera*
8. *Pecopteris plumosa-dentata*
9. *Alethopteris pecopteroides* n. sp.
10. *Alethopteris hartungi* n. sp.
11. *Alethopteris klimenti* n. sp.
12. *Tetragonocarpus ovatus* n. sp.

Alter: Namur A.

Fundort 27 — Funde von Tenčov zwischen den Fundorten 95 und 97 beim Dorf Tsarichina. Tsarichina-Schichten, D3.

1. *Sphenophyllum tenerrimum*
2. *Sphenophyllostachys tenerrimus*
3. *Mesocalamites roemeri*
4. *Mesocalamites haueri*
5. *Asterophyllites grandis*
6. *Lepidophloios laricinus*
7. *Lepidostrobophyllum lanceolatum*

Alter: Namur A.

Fundort 28 — Funde von Spassov bei Mahala Kikovi Lokvi. Tsarichina-Schichten, C7.

1. *Mesocalamites cistiiformis*
2. *Eleutherophyllum mirabile*
3. *Lepidostrobophyllum lanceolatum*
4. *Pecopteris (Senftenbergia) aspera*

Alter: Namur A.

Fundort 29 — Funde von Tenčov im Bach Tsarichinska, westlich Fundort 95. Tsarichina-Schichten, D5.

1. *Sphenophyllum tenerrimum*
2. *Mesocalamites cistiiformis*
3. *Zeilleria moravica*

Alter: Namur A

Fundort 30 — Funde von Spassov bei Mahala Kamberska, östlich des Dorfes Batuliya. Berovdol-Schichten, D10.

1. *Lepidostrobophyllum majus*
2. *Sigillaria st. bončevi*

Anmerkung: Diese Exemplare hat Verfasser in der Sammlung nicht gefunden. Hier werden sie nach der Bestimmung von Černjavska zitiert.

Fundort 31 — Funde von TENČOV, nördlich Fundort 62, in der Nähe des Dorfes Tsarichina. Berovdol-Schichten, D3.

1. *Sphenophyllum cuneifolium*
2. *Annularia radiata*
3. *Renaultia schatzlarensis*

Alter: Westfal.

Fundort 32 — Fund von SPASSOV, an der Straße zum Kohlebunker der Grube Bulgarski Antrazit. Svoge-Schichten, C8.

1. *Paripteris gigantea*

Anmerkung: Nach Meinung des Verfassers ist dieser Fundort nicht richtig in der Karte von SPASSOV eingetragen, denn an der bezeichneten Stelle sind die Ablagerungen der Tsarichina-Schichten aufgeschlossen und diese Art nicht anzutreffen.

Fundort 33 — Fund von NIKOLOV im Tal östlich der Grube Berov Dol. Tsarichina- und Berovdol-Schichten, C7.

1. *Sphenophyllum* cf. *trichomatosum*
2. *Mesocalamites haueri*
3. *Calamites* (*Calamitina*) sp.
4. *Annularia* sp.
5. *Lepidodendron* sp.
6. *Stigmaria ficoides*
7. *Zeilleria moravica*
8. *Mariopteris* sp.

Anmerkung: Das Material wurde im Profil gesammelt, darum enthält es Arten aus beiden Schichten.

Alter: Namur A, Westfal A, B.

Fundort 34 — Fund von NIKOLOV & TENČOV an der Straße von Tompson nach Chibaovtsi gegenüber der Grube Berov Dol. Tsarichina-Schichten, C6.

1. *Sphenophyllum tenerrimum*
2. *Mesocalamites cistiiformis*
3. *Lepidostrobophyllum majus*
4. *Sphenopteris* cf. *launoiti*
5. *Diplotmema patentissimum*
6. *Pecopteris* (*Senftenbergia*) *aspera*
7. *Pecopteris plumosa-dentata*

Alter: Namur A.

Fundort 35 — Funde von NIKOLOV aus der Grube Pejov Dol, vom Hangenden des Kohleflözes, im Hangenden des zweiten Konglomerats. Chibaovtsi-Schichten, C6.

1. *Asterophyllites grandis*
2. *Asterophyllites charaeformis*
3. *Lepidodendron lycopodioides*
4. *Lepidodendron rimosum*
5. *Lepidostrobus meunieri*
6. *Lepidostrobus brongniarti*

7. *Lepidostrobus kidstoni*
8. *Lepidostrobus obovatus*
9. *Lepidophloios laricinus*
10. *Sigillaria brardi*
11. *Pecopteris plumosa-dentata*
12. *Aphlebia*

Alter: Westfal B—C.

Fundort 36 — Funde von TSCHAWGOWA von den Halden der Grube Sini Wir, gegenüber dem Bahnhof Svoge, oberhalb des Stadions. Svoge-Schichten, A7.

1. *Sphenophyllum cuneifolium*
2. *Calamites suckowi*
3. *Asterophyllites charaeformis*
4. *Neuropteris schlehani*
5. *Neuropteris obliqua*
6. *Paripteris gigantea*
7. *Mariopteris acuta*
8. *Mariopteris muricata*

Alter: Westfal A.

Fundort 37 — Funde von TSCHAWGOWA von den Halden der Grube Bolschevik bei Svoge. Svoge-Schichten, A7.

1. *Sphenophyllum cuneifolium*
2. *Annularia* cf. *subradiata*
3. *Corynepteris angustissima*
4. *Neuropteris schlehani*
5. *Paripteris gigantea*
6. *Mariopteris muricata*
7. *Sphenopteris* cf. *obtusiloba*
8. *Trigonocarpus perpusilus*
9. *Whittlesseya* sp.

Alter: Westfal A.

Fundort 38 — Fund von ALEXIEVA, Bohrung Nr. 4 im Sli-Tal bei 50 m und 58 m. Berovdol-Schichten, B6.

1. *Discopteris vüllersi* STUR (nach ČERNJAVSKA) — m. M. — ?

Alter: ?

Fundort 39 — Funde von TENČOV nördlich Mahala Kikovi Lokvi. Chibaovtsi-Schichten, C6.

1. *Asterophyllites tenuifolius*
2. *Sphenophyllum myriophyllum*

Alter: Westfal B—C.

Fundort 40 — Funde von TENČOV südlich Mahala Kikovi Lokvi. Tsarichina-Schichten, C7.

1. *Sphenophyllum tenerrimum*
2. *Mesocalamites roemeri*
3. *Stigmaria ficoides*
4. *Pecopteris* (*Senftenbergia*) *aspera*

Alter: Namur A.

Fundort 41 — Funde von GEORGIEV im Schurf 139 bei Mahala Mechka, östlich Grube Bulgarski Antrazit. Berovdol-Schichten, C9.

1. *Calamites carinatus*
2. *Paracalamostachys striata*

Anmerkung: Das Material ist von ČERNJAVSKA bestimmt worden.

Alter: Westfal A—C.

Fundort 42 — Funde von GEORGIEV im Schurf 2 beim Dorf Dramsha. Berovdol-Schichten, C2.

1. *Calamites carinatus*
2. *Corynepteris angustissima*
3. *Neuropteris* sp.

Alter: Westfal A—C.

Fundort 43 — Funde von GEORGIEV im Schurf 142, südlich Dramsha. Berovdol-Schichten, C2.

1. *Calamites carinatus*
2. *Lepidodendron aculeatum*
3. *Lepidostrobophyllum majus*

Alter: Westfal.

Fundort 44 — Fund von TSCHAWGOWA im Bach Dramshanska, südlich vom Dorf Dramsha. Berovdol-Schichten, C2.

1. *Renaultia rotundifolia*

Alter: Westfal.

Fundort 45 — Fund von GEORGIEV im Schurf 9 am Bach Dramshanska. Berovdol-Schichten, D2.

1. *Sphenopteris* cf. *obtusiloba*

Alter: Westfal A—C.

Fundorte von TENČOV 1960—1967

Fundort 46 — nördlich dem Stollenmundloch zur Grube Chr. Botev beim Dorf Chibaovtsi. Chibaovtsi-Schichten, C3.

1. *Calamites suckowi*
2. *Asterophyllites charaeformis*
3. *Lepidodendron lycopodioides*
4. *Lepidodendron rimosum*
5. *Stigmaria ficoides*
6. *Pecopteris plumosa-dentata*
7. *Neuropteris heterophylla*

Alter: Westfal B—D.

Fundort 47 — nördlich von Grube Berov Dol und Fundort 103. Chibaovtsi-Schichten, C6.

1. *Sphenophyllum trichomatosum*

Alter: Westfal B—C.

Fundort 48 — im Bach Chibaovska. Tsarichina-Schichten, C3.

1. *Mesocalamites cistiiformis*
2. *Mesocalamites tenuis* n. sp.
3. *Zeilleria moravica*

Alter: Namur A.

Fundort 49 — nordöstlich Chibaovtsi. Svidnya-Schichten, B4.

1. *Asterophyllites grandis*
2. *Asterophyllites gothani*
3. *Annularia subradiata*
4. *Paracalamostachys striata*
5. *Calamostachys paniculata*
6. *Lepidophloios laricinus*
7. *Zeilleria frenzli*
8. *Pecopteris plumosa-dentata*
9. *Neuropteris schlehani*
10. *Neuropteris rectinvervis* f. *obtusa* n. f.
11. *Mariopteris acuta*
12. *Hexagonocarpus mosanus*

Alter: Namur C.

Fundort 50 — Oberlauf des Baches Svidnenska, oberhalb der Mündung des Ziganski-Tals. Svidnya-Schichten, B3.

1. *Mesocalamites* cf. *haueri*
2. *Asterophyllites* sp.
3. *Corynepteris* cf. *angustissima*

Alter: Namur C.

Fundort 51 — zu Beginn der Serpentinen der Straße Svidnya—Chibaovtsi. Svidnya-Schichten, B4.

1. *Mesocalamites* sp.
2. *Lepidodendron aculeatum*

Alter: Namur.

Fundort 52 — nahe des Fundorts 50. Svidnya-Schichten, B3.

1. *Asterophyllites gothani*
2. *Annularia* sp.
3. *Palaeostachya ettingshauseni*
4. *Zeilleria frenzli*
5. *Pecopteris plumosa-dentata*
6. *Lepidostrobus squarosus*
7. *Cordaites* sp.

Alter: Namur C.

Fundort 53 — in der Umgebung der Grube Bulgarski Antrazit. Tsarichina-Schichten, C8.

1. *Mesocalamites tenuis* n. sp.
2. *Asterophyllites tenuifolius*
3. *Zeilleria moravica*
4. *Sphenopteris* sp.

Alter: Namur A.

Fundort 54 — im Unterlauf des Baches Kriva, in der Nähe eines alten Stollens. Berovdol-Schichten, D2.

1. *Pecopteris (Senftenbergia)* cf. *pennaeformis*

Alter: Westfal A—C.

Fundort 55 — unterhalb der Mündung des Baches Tsarichinska in den Chibaovska. Berovdol-Schichten, C2.

1. *Lepidostrobus* cf. *ornatus*
2. *Stigmaria ficoides*

Alter: Ober-Karbon.

Fundort 56 — im Bach Chibaovska, oberhalb der Einmündung des Baches Tsarichinska. Berovdol-Schichten, C3.

1. *Calamites undulatus*
2. *Annularia* sp.

Alter: Westfal.

Fundort 57 — im Tal oberhalb der Schule vom Dorf Tsarichina. Tsarichina-Schichten, D3.

1. *Mesocalamites* sp.
2. *Annularia subradiata*
3. *Lepidostrobophyllum* sp.
4. *Zeilleria moravica*

Alter: Namur A.

Fundort 58 — im Draganski-Tal nördlich vom Dorf Chibaovtsi. Svidnya-Schichten, A2.

1. *Mesocalamites* sp.
2. *Asterophyllites gothani*
3. *Palaeostachya ettingshauseni*
4. *Neuropteris schlehani*
5. *Neuropteris schlehanoides*
6. *Neuropteris obliqua*
7. *Mariopteris acuta*

Alter: Namur C.

Fundort 59 — aus dem Wassermühlenkanal bei der Mündung des Baches Tsarichinska (nahe Fundort 13). Tsarichina-Schichten, C2.

1. *Mesocalamites haueri*
2. *Mesocalamites cistiiformis*
3. *Mesocalamites tenuis* n. sp.
4. *Asterophyllites charaeformis*
5. *Asterophyllites tenuifolius*
6. *Lepidodendron aculeatum*
7. *Lepidodendron obovatum*
8. *Lepidodendron sturi* n. sp.
9. *Lepidodendron zigzagum* n. sp.
10. *Lepidophloios laricinus*
11. *Lepidostrobus squarosus*
12. *Lepidophylloides nervosus*
13. *Lepidophylloides* sp.
14. *Ulodendron majus*

Alter: Namur A.

Fundort 60 — südlich Mahala Babul, am Bremsberg der Grube Bulgarski Antrazit. Tsarichina-Schichten, C8.

1. *Mesocalamites haueri*
2. *Mesocalamites roemeri*
3. *Mesocalamites approximatiformis*
4. *Sphenophyllum tenerrimum*
5. *Sphenophyllum hartungi* n. sp.

Alter: Namur A.

Fundort 61 — im Bach Dramshanska. Berovdol-Schichten, C2.

1. *Lepidodendron obovatum*
2. *Pecopteris plumosa-dentata*

Alter: Ober-Karbon

Fundort 62 — nahe dem Fundort 9 beim Dorf Tsarichina. Tsarichina-Schichten, D3.

1. *Sphenophyllum tenerrimum*
2. *Asterophyllites gothani*

Alter: Namur A.

Fundort 63 — im Tal östlich der Brücke bei Mahala Gruban. Tsarichina-Schichten, C4.

1. *Sphenophyllum tenerrimum*

Alter: Namur A.

Fundort 64 — im Bach Dalbochitsa, westlich Grube Tzeretzel. Berovdol-Schichten, C5.

1. *Sphenophyllum cuneifolium*
2. *Calamites undulatus*

Alter: Westfal.

Fundort 65 — nahe der Dorfkirche von Tzeretzel. Tsarichina-Schichten, D5.

1. *Mesocalamites cistiiformis*

Alter: Namur.

Fundort 66 — südlich Fundort 65. Tsarichina-Schichten, D5.

1. *Zeilleria moravica*

Alter: Namur A.

Fundort 67 — im Tal unterhalb der Schule des Dorfes Tzeretzel. Tsarichina-Schichten, D5.

1. *Spenophyllum tenerrimum*
2. *Cordaites principalis*

Alter: Namur A.

Fundort 68 — im Tal westlich Mahala Rodeniche, beim Dorf Tzeretzel. Tsarichina-Schichten, C5.

1. *Lepidodendron* cf. *lycopodioides*
2. *Lepidodendron sturi* n. sp.
3. *Lepidophloios laricinus*
4. *Lepidophylloides nervosus*

Alter: Namur A.

Fundort 69 — im oberen Abschnitt des Rakjov-Tals, südöstlich des Tzerija-Berges. Svidnya-Schichten, C5.

1. *Asterophyllites grandis*
2. *Annularia* cf. *radiata*
3. *Pecopteris plumosa-dentata*

Alter: Namur C—Westfal C.

Fundort 70 — im Tal östlich vom Berov-Tal. Tsarichina-Schichten, C7.

1. *Zeilleria moravica*

Alter: Namur A.

Fundort 71 — im Lagatorski-Tal, östlich des Tzerija-Berges, neben einem alten Stollen. Svidnya-Schichten, B5.

1. *Mesocalamites* cf. *haueri*
2. *Asterophyllites tenuifolius*
3. *Zeilleria frenzli*
4. *Zeilleria baertlingi* n. comb.
5. *Lepidostrobophyllum majus*
6. *Neuropteris schlehani*
7. *Neuropteris schlehanoides*
8. *Neuropteris lata* n. sp.
9. *Mariopteris acuta*
10. *Hexagonocarpus mosanus*

Alter: Namur C.

Fundort 72 — im unteren Abschnitt des Sli-Tales, nördlich Svoge. Svoge-Schichten, B6.

1. *Lepidostrobophyllum* sp.
2. *Stigmaria ficoides*
3. *Pecopteris* (? *Senftenbergia*) *raripenna* n. sp.
4. *Cordaites* sp.

Alter: Westfal A—C.

Fundort 73 — vom Sli-Tal bis zum Konglomerat oberhalb der Grube Borislav. Berovdol-Schichten, B6.

1. *Calamites suckowi*
2. *Lepidodendron rimosum*
3. *Lepidophloios laricinus*
4. *Lepidostrobophyllum lanceolatum*
5. *Pecopteris* (? *Senftenbergia*) *raripenna* n. sp.

Alter: Westfal A—C.

Fundort 74 — westlich des Balin Djal-Berges, westlich vom Bahnhof Tompson. Berovdol-Schichten, C7.

1. *Asterophyllites grandis*
2. *Annularia radiata*

Alter: Namur C—Westfal C.

Fundort 75 — an der Straße unweit vom Dorf Drenovo. Svidnya-Schichten, B1.

1. *Asterophyllites gothani*
2. *Lepidostrobophyllum* sp.
3. *Lepidophylloides* sp.
4. *Cordaites* sp.

Alter: Namur C.

Fundort 76 — im Tal östlich der Serpentinen an der Straße von Svidnya nach Chibaovtsi. Svidnya-Schichten, C4.

1. *Lepidostrobophyllum lanceolatum*
2. *Sphenopteris* sp.

Alter: Ober-Karbon

Fundort 77 — im Tal südlich Mahala Ziganka, gegenüber dem Fichtenwald beim Dorf Chibaovtsi. Svidnya-Schichten, C4.

1. *Asterophyllites grandis*
2. *Asterophyllites gothani*
3. *Pecopteris plumosa-dentata*
4. *Neuropteris schlehani*
5. *Neuropteris longifolia* n. sp.
6. *Neuropteris lata* n. sp.
7. *Mariopteris acuta*

Alter: Namur C.

Fundort 78 — südwestlich Fundort 77. Svidnya-Schichten, C4.

1. *Mesocalamites* cf. *haueri*
2. *Paripteris gigantea*

Alter: Namur C.

Fundort 79 — im kleinen Tal westlich Zimnischki Dol, 2 km östlich Svoge. Svoge-Schichten, A7.

1. *Paripteris gigantea*

Alter: Namur C—Westfal C.

Fundort 80 — nördlichster Karbonaufschluß im Zimnischki Dol. Svidnya-Schichten, A8.

1. *Mesocalamites haueri*
2. *Neuropteris schlehani*
3. *Neuropteris longifolia* n. sp.
4. *Neuropteris lata* n. sp.
5. *Sphenopteris* sp.

Alter: Namur C.

Fundort 81 — südlich Fundort 80. Svoge-Schichten, A8.

1. *Calamites undulatus*
2. *Calamites carinatus*
3. *Sphenasterophyllites cyril-methodii* n. sp.
4. *Cordaites* sp.

Alter: Westfal A—C.

Fundort 82 — südlich Fundort 81. Svoge-Schichten, A8.

1. *Asterophyllites charaeformis*
2. *Lepidostrobophyllum* sp.
3. *Lepidophylloides* sp.
4. *Paripteris gigantea*

Alter: Namur C—Westfal C.

Fundort 83 — im Bach Ogradniska, nördlich des Dorfes Batuliya. Berovdol-Schichten, D9.

1. *Stigmaria ficoides*
2. *Renaultia schatzlarensis*

Alter: Westfal.

Fundort 84 — im Bach Gradeschnitsa, 1 m oberhalb seiner Mündung. Svoge-Schichten, C8.

1. *Paripteris gigantea*

Alter: Namur C—Westfal C.

Fundort 85 — etwa 2 km nordwestlich Fundort 84. Svoge-Schichten, B9.

1. *Asterophyllites grandis*

Alter: Ober-Karbon.

Fundort 86 — etwa 1200 m westlich Fundort 85. Svoge-Schichten, B8.

1. *Sphenophyllum* cf. *majus*
2. *Calamites undulatus*
3. *Cordaites principalis*

Alter: Westfal A—C.

Fundort 87—700 m westlich Fundort 86. Svoge-Schichten, B8.

1. *Asterophyllites charaeformis*
2. *Asterophyllites lycopodioides*
3. *Calamites* sp.

Alter: Ober-Karbon.

Fundort 88 — westlich vom Dorf Bukovets. Svidnya-Schichten, B11.

1. *Sphenophyllum* cf. *amplum*
2. *Paripteris gigantea*
3. *Sphenopteris* sp.

Alter: Namur C.

Fundort 89 — nördlich des Berges Tartriva Chuka. Dramsha-Schichten, B12.

1. *Calamites undulatus*
2. *Cordaites principalis*

Alter: Westfal.

Fundort 90 — im Tal östlich Usin Dol, unweit des Dorfes Ogoya. Svidnya-Schichten, D13.

1. *Sphenophyllum cuneifolium*
2. *Cordaites* sp.

Alter: Namur C—Westfal C.

Fundort 91 — im kleinen Tal südlich Mahala Chiporiltsi. Svidnya-Schichten, A4.

1. *Asterophyllites gothani*
2. *Pecopteris* cf. *plumosa-dentata*
3. *Neuropteris* sp.

Alter: Namur C.

Fundort 92 — südlich Mahala Schalavardintsi, nahe dem Dorf Chibaovtsi, oberhalb der Mündung des Tälchens an der Straße zur Grube Chervana Iabalka 1. Berovdol-Schichten, C3.

1. *Lepidophloios laricinus*

Alter: Namur—Westfal.

Fundort 93 — westlich Mahala Schalavardintsi, nahe dem Dorf Chibaovtsi. Chibaovtsi-Schichten, C3.

1. *Sphenophyllum cuneifolium*
2. *Calamites undulatus*
3. *Asterophyllites grandis*
4. *Asterophyllites tenuifolius*
5. *Annularia radiata*
6. *Lepidophloios laricinus*
7. *Lepidostrobophyllum majus*
8. *Pinnularia capillacea*
9. *Renaultia rotundifolia*
10. *Cordaites principalis*
11. *Cordaites borassifolius*

Alter: Westfal C—D.

Fundort 94 — 1 km nordwestlich des Dorfes Chibaovtsi, am Nordufer des Baches Chibaovska. Svidnya-Schichten, B3.

1. *Asterophyllites gothani*
2. *Neuropteris schlehani*
3. *Neuropteris lata* n. sp.
4. *Neuropteris obliqua*
5. *Potoniea adiantiformis*
6. *Paripteris gigantea*
7. *Mariopteris acuta*
8. *Alethopteris decurrens*
9. *Alethopteris lonchitica*
10. *Sphenopteris hollandica*

Alter: Namur C.

Fundort 95 — im Bach Tsarichinska, etwa 700 m oberhalb der Mündung. Tsarichina-Schichten, D3.

1. *Sphenophyllum tenerrimum*
2. *Sphenophyllum nemejci* n. sp.
3. *Sphenophyllostachys tenerrimus*
4. *Mesocalamites cistiiformis*
5. *Pecopteris (Senftenbergia) aspera*
6. *Sphenopteris konjaroffi* n. comb.

Alter: Namur A.

Fundort 96 — an der alten Straße von der Schule des Dorfes Tsarichina nach Bachov Vrah. Tsarichina-Schichten, D3.

1. *Eleutherophyllum mirabile*

Alter: Namur A.

Fundort 97 — östlich des Fundorts 95. Tsarichina-Schichten, D3.

1. *Sphenophyllum tenerrimum*
2. *Sphenophyllostachys tenerrimus*
3. *Calamariophyllum tsarichinaense* n. sp.
4. *Asterophyllites gothani*
5. *Asterophyllites lycopodioides*
6. *Pecopteris (Senftenbergia) aspera*

Alter: Namur A.

Fundort 98 — etwa 50 m oberhalb der Mündung des ersten Nebenbaches in den Bach Tsarichinska. Tsarichina-Schichten, D3.

1. *Sphenophyllum tenerrimum*
2. *Sphenophyllum nemejci* n. sp.
3. *Lepidostrobophyllum* sp.
4. *Lepidophylloides nervosus*
5. *Sphenopteris konjaroffi* n. comb.

Alter: Namur A.

Fundort 99 — im kleinen Tal östlich des Berges Tiova Glava. Svidnya-Schichten, B2.

1. *Asterophyllites* cf. *gothani*
2. *Rhodea* sp. aff. *steinbrincki*
3. *Pecopteris plumosa-dentata*
4. *Mariopteris* sp.

Alter: Namur C.

Fundort 100 — am Weg von Mahala Kikovi Lokvi zur Grube Berov Dol. Tsarichina-Schichten, C7.

1. *Sphenophyllum tenerrimum*
2. *Corynepteris* sp.
3. *Pecopteris (Senftenbergia) aspera*
4. *Sphenopteris* sp.

Alter: Namur A.

Fundort 101 — zwischen der Grube Chr. Botev und dem Dorf Chibaovtsi, aus dem Hangenden der Kohlenflöze im Schurf 510. Chibaovtsi-Schichten, C3.

1. *Sphenophyllum myriophyllum*
2. *Calamites suckowi*
3. *Annularia radiata*
4. *Lepidophylloides nervosus*
5. *Renaultia rotundifolia*
6. *Corynepteris pecopteroides*
7. *Neuropteris scheuchzeri*
8. *Odontopteris* sp.
9. *Cordaites principalis*

Alter: Westfal C—D.

Fundort 102 — am linken Bachufer des Gradeschnitsa, gegenüber Mahala Preslapo, nahe dem Dorf Bukovets. Svoge-Schichten, B9.

1. *Calamites* sp.
2. *Sigillaria* sp.
3. *Paripteris gigantea*

Alter: Westfal A—C.

Fundort 103 — im Simorski-Tal, westlich der Grube Berov Dol. Tsarichina-Schichten, C6.

1. *Sphenophyllum tenerrimum*
2. *Sphenophyllum nemejci* n. sp.
3. *Mesocalamites cistiiformis*
4. *Mesocalamites roemeri*
5. *Sphenasterophyllites longifolius* n. sp.
6. *Lepidostrobophyllum lanceolatum*
7. *Lepidostrobus* sp.
8. *Sphenopteris konjaroffi* n. comb.

Alter: Namur A.

Fundort 104 — an der Straße von Svoge nach Tompson bei Mahala Babul. Chibaovtsi-Schichten, C7.

1. *Lepidostrobophyllum lanceolatum*
2. *Lepidophylloides* sp.
3. *Pecopteris raripenna* n. sp.

Alter: Westfal.

Fundort 105 — an der Straße von Svoge nach Tompson gegenüber Mahala Prokopanik, Svoge-Schichten, B7.

1. *Asterophyllites grandis*

Alter: Ober-Karbon.

Fundort 106 — nördlich Fundort 9, Umgebung des Dorfes Tsarichina. Tsarichina-Schichten, D3.

1. *Sphenophyllum tenerrimum*
2. *Sphenophyllum nemejci* n. sp.
3. *Asterophyllites grandis*
4. *Asterophyllites lycopodioides*
5. *Lepidophylloides nervosus*
6. *Sphenopteris konjaroffi* n. comb.
7. *Neuropteris antecedens*
8. *Mariopteris* sp.

Alter: Namur A.

Fundort 107 — nordöstlich Chibaovtsi. Svidnya-Schichten, B3.

1. *Pecopteris plumosa-dentata*
2. *Neuropteris schlehani*
3. *Neuropteris lata* n. sp.
4. *Neuropteris rectinervis* f. *obtusa* n. f.
5. *Mariopteris acuta* f. *typica*

Alter: Namur C.

Fundort 108 — westlich Fundort 107. Svidnya-Schichten, B3.

1. *Asterophyllites gothani*
2. *Zeilleria frenzli*
3. *Crossotheca schatzlarensis*
4. *Neuropteris schlehani*
5. *Neuropteris obliqua*
6. *Paripteris gigantea*

Alter: Namur C.

Fundort 109 — südwestlich Fundort 108. Svidnya-Schichten, B3.

1. *Sphenophyllum amplum*
2. *Calamites undulatus*
3. *Palaeostachya* cf. *ettingshauseni*

Alter: Namur C.

Fundort 110 — westlich Chibaovtsi, aus der Halde vom Schurf 26. Chibaovtsi-Schichten, C2.

1. *Sphenophyllum cuneifolium*
2. *Sphenophyllum majus*
3. *Sigillaria elongata*
4. *Stigmaria ficoides*
5. *Neuropteris tenuifolia*

Alter: Westfal B—C.

Fundort 111 — westlich Chibaovtsi, Schurf 25. Chibaovtsi-Schichten, C3.

1. *Sphenophyllum cuneifolium*
2. *Asterophyllites charaeformis*
3. *Lepidostrobophyllum* cf. *majus*
4. *Renaultia rotundifolia*

Alter: Westfal B—C.

Fundort 112 — unweit der Mündung des Zimnischki-Tals östlich Svoge. Svoge-Schichten, A8.

1. *Renaultia schatzlarensis*

Alter: Westfal.

Fundort 113 — westlich Chibaovtsi, aus dem Schurf 16. Chibaovtsi-Schichten, C3.

1. *Sphenophyllum cuneifolium*
2. *Sphenophyllum majus*
3. *Calamites carinatus*
4. *Asterophyllites charaeformis*
5. *Neuropteris tenuifolia*
6. *Neuropteris scheuchzeri*
7. *Paripteris gigantea*
8. (?) *Hexagonocarpus* sp.
9. *Renaultia rotundifolia*

Alter: Westfal B—C.

Fundort 114 — westlich der Mündung des Berov-Tales. Tsarichina-Schichten, C6.

1. *Mesocalamites haueri*
2. *Lepidophylloides nervosus*

Alter: Namur.

Fundort 115 — nördlich des Dorfes Tzeretzel. Tsarichina-Schichten, C6.

1. *Sphenophyllum tenerrimum*

Alter: Namur A.

Fundort 116 — in der Umgebung der Grube Bulgarski Antrazit. Tsarichina-Schichten, C8.

1. *Sphenasterophyllites longifolius* n. sp.

Alter: Namur A.

Fundort 117 — östlich vom Berov-Tal. Tsarichina-Schichten, C17.

1. *Sphenophyllum tenerrimum*
2. *Asterophyllites tenuifolius*
3. *Sphenasterophyllites longifolius* n. sp.

Alter: Namur A.

Kolibri 360 GmbH
Ferdinand-Jühlke-Straße 7
99095 Erfurt, Deutschland
produktsicherheit@kolibri360.de